U0502946

过见招
拆招的人生

张亚芬　著

中国科学技术出版社

·北　京·

图书在版编目（CIP）数据

过见招拆招的人生 / 张亚芬著 . -- 北京 : 中国科
学技术出版社 , 2025. 1.（2025.3 重印）-- ISBN 978-7-5236-1089-3

Ⅰ . B848.4-49

中国国家版本馆 CIP 数据核字第 2024UC4946 号

策划编辑	赵　嵘	责任编辑	孙倩倩
封面设计	仙境设计	版式设计	蚂蚁设计
责任校对	张晓莉	责任印制	李晓霖

出　　版	中国科学技术出版社
发　　行	中国科学技术出版社有限公司
地　　址	北京市海淀区中关村南大街 16 号
邮　　编	100081
发行电话	010-62173865
传　　真	010-62173081
网　　址	http://www.cspbooks.com.cn

开　　本	880mm×1230mm　1/32
字　　数	140 千字
印　　张	8.75
版　　次	2025 年 1 月第 1 版
印　　次	2025 年 3 月第 2 次印刷
印　　刷	大厂回族自治县彩虹印刷有限公司
书　　号	ISBN 978-7-5236-1089-3 / B·198
定　　价	59.80 元

（凡购买本社图书，如有缺页、倒页、脱页者，本社销售中心负责调换）

序一

在过见招拆招的人生中，绽放女性的独特光芒

  很荣幸能为张亚芬老师的新书写推荐序，从事亲子教育十多年，我发现妈妈们在育儿、家庭、生活等方面有诸多困惑，也很焦虑。看完《过见招拆招的人生》后，我有一种醍醐灌顶的感觉：哇，原来有那么多方法可以解决生活中的各种问题啊！

  在这个快节奏、高压力的时代，女性作为社会不可或缺的力量，正以前所未有的姿态，在家庭与事业的双重角色间游走，既要在职场中披荆斩棘，又要在家中温柔育儿，承担着前所未有的生活重担。作为妈妈的我们，在追求自我实现与家庭和谐之间，时常感到焦虑与疲惫，仿佛置身于一场没有硝烟的战争之中。然而，正是这些挑战，催生了女性内心深处的坚韧与智慧，也让我们有幸遇见了张老师的力作——《过见招拆招的人生》。

这不仅是一部关于如何让女性朋友在复杂多变的生活中保持从容与智慧的宝典，更是为当代女性量身打造的一剂强心针。张老师在书中以其敏锐的洞察力和深邃的情感理解，为我们揭示了女性在面对焦虑情绪时的种种困境，并提供了切实可行的解决方案。通过一张"魔力词语表"，张老师巧妙地将抽象的情感转化为具体可感的词语，让读者在自我反思与表达时找到共鸣与释放的出口。

书中提及的3个原生剧本，如同一面面镜子，让女性读者能够清晰地看到自己成长轨迹中的影响因素，从而更加理性地面对内心的创伤与期待。而对5种孩子类型与5种女性人格特质的深入分析，则如同精准的导航图，帮助女性更好地认识自己与周围人的关系模式，从而在亲子关系、人际关系中更加游刃有余。

书中的婚姻部分，是女性生命中不可或缺的一部分，张老师通过6种婚姻画像，展现了婚姻生活的多样性，鼓励女性在婚姻中保持自我，学会沟通与调整，与另一半共同绘制幸福蓝图。这不仅是对婚姻的重新定义，更是对女性如何在婚姻中保持独立与成长的深切关怀。

更令人欣喜的是，书中还附带了6首专属的原创疗愈音乐与7段原创冥想引导语音。这些音频内容如同涓涓细流，温柔地渗透进每一个焦虑的心灵角落，帮助读者在繁忙与喧嚣中找到一片宁静的避风港。通过音乐与冥想的力量，女性得以暂时放下外界的纷扰，回归内心的平静与力量。

书中 11 个自我排解焦虑的方法与 22 个独处练习清单，则是张老师为现代女性量身定制的自我成长工具箱。这些方法简单实用，无须额外的时间与空间，即可在日常生活中随时实践。通过持续的自我疗愈与独处练习，女性能够逐步增强内心的韧性与自我调控能力，从而在面对生活的种种挑战时更加从容不迫。

书中的 30 多个案例故事，每一个都饱含着真实与温情。这些故事来自不同背景、不同职业的女性，她们在各自的领域里奋斗、挣扎、成长。通过这些故事，读者不仅能够看到自己的影子，更能从中汲取到前行的力量与智慧，告别焦虑，活出真实的自我。

总而言之，《过见招拆招的人生》是一部充满智慧与温情的女性成长指南。它教会我们如何在复杂多变的生活中保持自我，如何面对并解决焦虑情绪，如何构建幸福的关系，如何在独处中找到成长的力量。对于每一位追求品质生活的女性而言，这本书无疑是一盏明灯，能够照亮前行的道路，让我们在过见招拆招的人生中，绽放出属于自己的独特光芒。

魏华

畅销书《不急不吼，轻松养出好孩子》作者

畅销书《不急不躁，用游戏提升儿童学习力》作者

畅销书《不急不吼，让孩子自主学习》作者

妈妈点赞"清华状元好习惯"创始人

新东方、一起作业、腾讯特邀亲子教育专家

序二

秋天是个收获的季节。当张亚芬女士把这本即将付梓的书稿发给我时，我感到惊讶和欣喜。亚芬是我在泉州师院工作时学生的爱人，我很早就知道她从事心理咨询与家庭教育的工作，但不知道她在写书，而且是写一本如此令我意想不到的书。

人与人之间就是常常隐藏着奇妙的缘分，一路走来，我既是他们的长辈，也是他们的朋友。我见证了他们夫妻从建立家庭到生儿育女，也见证了他们从事业起步到遇到挫折后重新出发，这种不曾放弃与乐观的精神让我非常欣赏。因此，当他们邀请我作序时，我欣然答应了。因为我愿意看到这样的年轻人，用自己的能力和积极的态度给社会注入更多的能量，我亦因此感到十分荣幸。

随着人们生活水平的提高，特别是对美好生活的追求，心理健康越来越受到重视。这是一本缓解女性焦虑情绪的书。不同的时代，对女性的要求必然不同。虽然一些男性认为，女性只要温婉如水，顾好家庭便好，但现代生活对女性有更多的要求，女性需要承担更多的责任，她们在努力成为一位好女儿、好妻子、好儿媳、好母亲的同时，还要成为一个好的自己。有人说，女人就是要活成自己想要的样子，那什么是自己想要的样子呢？大千世界，各有不同，每个人的标准又不一，但确实如亚芬在书里所说的，很多的"焦虑"，就是来自"欲望"。欲望是个通俗的词，它存在于每个人身上，然而，此处的"欲望"是指过高、过急或不切实际的追求。当欲望远远高于自己的能力，以致无法实现时，就会转化为无尽的烦恼，带给人无尽的困惑以及压抑。由此人们的消极情绪常常会以这样那样的形式表现出来，甚至影响身边的亲人和朋友。当一些情绪或压抑感长期没能得到化解、释放时，就很有可能带来更大的问题。现代医学发现，人类65%~90%的疾病与心理的压抑感有关，这被称为"心身性疾病"。亚芬这本书将会帮助更多的人关注女性的心理健康。

这是一本特别适合女性阅读的书，书里没有难懂的学术名词，几乎是用大白话的形式，让女性读者在面临各种家庭角色的焦虑问题时，知道如何打破焦虑的墙，直面内心最真实的自己。全书每个章节都能看出亚芬的用心，可以说是她满满的诚意之作。本书包含测评题、案例、方法和理论，还有她为本书创作的音乐作品与音频。我长期从事教育文化工作，能体会撰写一本书的不容易，心理学方面的书更不好写。如果要追求学术深度和专业性，书中难免充斥着专业术语和晦涩理论，这无疑提高了阅读的难度，对阅读普及不利。若是内容太浅显，又可能沦为缺乏深度的"心灵鸡汤"，难以触及读者的内心。所以，在学术性和普及性之间找到平衡点往往成为创作中的挑战。虽说一本书不能解决所有的问题，但从亚芬的书里，我看到了她的努力，以及她文字背后透出来的良苦用心，可以看出她极力想帮助那些正处于焦虑中的女性读者们找到方向，希望她们能从这些简单而并不普通的方法中，找到与"焦虑"握手言和的勇气。

新时代的女性在更好地实现自我价值的同时，也承担了更多的家庭、社会压力，由此带来的各种焦虑是难以避免的。亚芬这本书以女性的视角、女性的经历，探讨女性遇到的困难、困惑，提供了解决的办法。用更多的案例与实证以及亲身的经验体会，为女性寻找更好的职业发展和家庭和谐，以及个人修持、价值实现的途径，相信这是一本难得的好书。

我喜欢这本书的名字，有态度、有方法、有号召力。在这个瞬息万变的时代，无论是男性还是女性，都需要拥有应对挑战的豁达心态与无畏勇气。我衷心希望这本书能成为一盏明灯，照亮更多读者前行的道路，引导他们找到内心的平静与力量，进而拥抱更加幸福、美满的人生！

傅志雄

泉州职业技术大学党委书记、副教授

序三

当张亚芬老师邀请我为本书作序时，我先是惊喜和惶恐，然后焦虑，最后欣然接受，这就是我的心路历程。

对于曾经做了三年家庭教育电台栏目的我来说，能有这样一个机会参与到推广心理学，帮助更多女性走出心理困境的事业中，自然是倍感欢喜与荣幸。可是我该怎么写，又该写些什么呢？从点头答应作序的那一刻起，我便开始焦虑了，好在张老师说："你只需要随心而动便可"。你看，简单一句话便缓解了我因担心自己不自量力而产生的焦虑。可见，缓解甚至消除焦虑是有方法的。

作为业内资深媒体人，做节目的二十多年来，我先后采访了近千位企业家，惊喜地发现女性在领导和管理层中的比例近年来在逐渐上升。女企业家、女高管也越来越多地进入节目。独立女性，这个充满力量的词语，一时间令我心生向往。

但是当我步入婚姻，成为一名母亲之后，我才真正地意识到想要成为一名独立女性，拥有独立而完整的人格和实现自我，其中需要无数生理的、心理的、情感的、物质的、精神的积累。

当然，成长有时像是一阵带着迷茫的疾风，它鼓励着我们向前奔跑，而焦虑便如同那骤降的大雨，让人猝不及防又挥之不去。每一次跨越焦虑的门槛，都是一次心灵的蜕变与升华。"焦虑"这位特别的朋友，必然伴随在走向独立女性的旅程之中。

如何与自己和解，与焦虑共处，如何让自己拥有充实丰盈而又自由的精神世界，是所有渴望真正独立的女性都要共同面对的课题。而这本书，或许可以成为你直面焦虑，实现内心革命，走向独立的开始。在书中，张亚芬老师不仅深入剖析了女性心理焦虑的根源，还提供了一系列简单易行、效果显著的应对策略，相信它会是你心灵成长的极佳伴侣。

让我们做回自己，勇敢地向前一步，过见招拆招的人生，体验真正的幸福。

黄樱

资深媒体人、主持人

自序

　　亲爱的读者，当你翻开这本书时，我们之间的缘分便悄然开始了。尽管我们素未谋面，但我非常荣幸，能以文字的方式，与你在这无尽的日常里，彼此陪伴、分享与成长。

　　此刻，我正在出差途中的动车上，坐在前面的是一位35岁左右的女性，中长发，面容憔悴，皮肤有些暗黄。她画了淡妆，妆容干净。身着淡粉色长裙，脖子上有一条串着戒指的项链。她在表达时，眉头紧锁，时而气愤，时而叹气。她一直在与身边的闺蜜诉说着生活中的"不容易"。有婆媳间的、夫妻间的、姑嫂间的，还有亲子间的。这些家长里短最为平常，但就是这些家长里短，却让她几度落下了眼泪。

　　"谁想变成母老虎？要不是逼得没办法，谁不想小鸟依人？"

　　"拿我与别人比，他怎么不去比比别人呢？"

"为什么说起她女儿，就说一个大学生为什么要嫁给一个没上过大学的，不懂事。我一个研究生嫁给她一个大专的儿子，怎么就成了他儿子的本事？"

……

只字片语中，不难猜出，她是与先生、婆婆吵架了，一气之下要回老家。可最后，我听出来了，她回老家也是为了"人情世故"。吵架，只是一个由头而已，再气再难，也不能不顾及一家人的面子，虽然就算再怎么气，再怎么吵，也还是夫妻同体，丈夫没考虑到的事，她还是得为他做。这种"不得已"的大义与大度，体现在一句"我不做谁做，唉，没办法啊"之中，可爱至极。

我出生在一个普通的农村家庭，像所有农村孩子一样，在田间地头度过了童年。耕地、锄草、养鸡、插秧、喂猪、放牛、捞虾……那些鱼米之乡的琐碎生活曾经是我生活的全部。一路走来，我既没有什么特别的背景，也没有天生的好运，靠着一点点的努力和坚持走过艰辛的求学之路，经历过创业的失败，体验了为人母的艰难。虽是心理工作者，但也曾在产后抑郁的阴霾中挣扎。我们每个人都在生活的洪流里奋力前行，有时会被打倒，有时会迷失方向，但那些曲折正是成就我们内心力量的源泉。而我们看到的每一个微笑背后，都可能藏着我们无法想象的挣扎和故事。因此，不必羡慕他人。

生活就是这样，它总在锤炼着我们，但不是所有的锤炼都能成就人生的高光与反转。大多时候，平凡才是无尽的日常，我们能做的是在这平凡中不平庸地生活着。

身为女性心理工作者，我深知心灵的脆弱与强大。社会对我们女性的要求越来越高。我们也会因为生活的各种牵绊而感到焦虑，更会怀疑自己。面对在生活中的多重角色——女儿、妻子、母亲、媳妇，甚至是自己，我们感到困扰和压力大。但我想说，焦虑并不可怕，关键在于我们如何与它相处，如何通过智慧与技巧找回内心的平静。

本书正是基于这样的初衷，带着对生命的热爱和对生活的感悟而写，希望能为那些在角色焦虑中挣扎的女性带来一丝安慰和启迪。本书一共分为 5 个章节，介绍了焦虑的 11 种自救方法，以及身为女儿、妻子、母亲，还有自己的各种其他角色所带来的焦虑及其解决办法。书中的每一段文字，都是我亲身经历或接触到的真实案例，结合了理论与方法，并提供了自我疗愈的工具。

另外，本书还附赠书签，内含我专为读者创作的 6 首疗愈音乐和 7 段冥想引导语，希望能带给大家一些帮助。

心理咨询一直叫好不叫座，一是因为来做心理咨询的人需要有一定的经济能力；二是人性的隐私性，在没有遇到真正的大事前，很少有人愿意承认自己或是自己的家人有心理障碍，并且是需要找心理工作者做疏导疗愈的。虽然心理咨询并不是一味速效药，它需要时间，需要耐心，更需要自我接纳的勇气，但这并不影响心理健康的重要性。因此，我想以我工作中见到的那些鲜活的案例抛砖引玉。或许本书不会给出立竿见影的答案，但它会引导你学会与过去握手言和，与自己的焦虑达成和解，找到通向内心平静的道路。

生活并不总是塑造英雄，更多的时候，我们只是普通人，在平凡的日常中寻找自己的力量。那些酸甜苦辣交织的日子正是我们成长的养分。愿你能从本书中找到自己的答案，与焦虑握手，插上翅膀，轻盈地飞向心灵的自由。

借此机会，我要特别感谢本书的策划编辑，她就是一些女子想要成为的样子，知性、睿智、严谨、美丽、落落大方。很幸运与她相识，若没有她的帮助，这本书不会如此顺利地面市。特别感谢纪亚飞老师、秋叶大叔及其团队、魏华老师、傅志雄老师、黄樱老师、宋宋老师、吴继康老师，以及同桌好友达姐、尤月老师、惠惠老师（蔡惠芳）、小平老师、室友 Bella 老师。他们都是我认知里面的成功者。成功的样子千千万万，但这些老师都是优秀的代表，是很多女子想要成为的样子。他们在面临生活与工作及至人生时，都找到了自己前进的方向，在自己的小天地里有态度地生活着。他们是畅销书作者或即将成为畅销书作者，都在用自己的方式回馈着这个世界，是在这个复杂的世界里深情地生活着的一群人。感谢他们为本书作序和推荐。感恩遇见！相信未来，我们都能越来越好。

还要感谢一直无条件支持我的家人们，特别感谢我的小妹，从小到大，只要我想做的事，她都无条件地支持。感谢我的父母、先生、兄嫂，以及我的两个天真烂漫的双胞胎儿子。感谢一路上有你们一直陪在我的身边，让我拥有无尽的前进的力量。

感谢大家！也祝愿每一位读者，能在生活的起起伏伏中，找到属于自己的平衡与安宁。

温柔岁月，与你同行。

目　录 CONTENTS

第一章

挣扎的她：
焦虑与矛盾的独角戏

长大后，我们有着多重身份，我们是女儿、
妻子、妈妈，更是我们自己。

第一节
SECTION 1
我是妈妈，我更是自己

从"小公主"到"超人"

关于公主梦

从小到大，我们认识了许多人，也经历了许多事，这些人与事成就了现在的我们，同时也影响着我们对待人与事特定的思维逻辑。在个体心理学中，这被称为"私人逻辑"。

私人逻辑由个体心理学家阿尔弗雷德·阿德勒（Alfred Adler）提出，是阿德勒心理学理论中的一个重要概念。它指的是每个人内心深处的个人信念、价值观和思维模式，会影响到人的行为、情绪和人际关系。私人逻辑形成于童年时期，受到个人经历、家庭环境及社会文化的影响。阿德勒认为，人们的行为和情感往往受到他们内在的私人逻辑的驱使，而这些逻辑可能并不总是清晰或合理的，但它们对个体的行为模式和生活方式起着重要的作用。

人们根据自己的生活经历和环境来构建私人逻辑，以解释自己和世界。这个逻辑影响着我们的信仰、态度、情感和行为。当然，它既可以是积极的，也可以是消极的，这取决于我们在成长过程中的体验。如果一个人在童年时期感到被爱和被支持，那么他的私人逻辑更有可能是积极的，这会让他对自己和世界产生信心。相反，如果一个人在童年时期经历了许多负面事件或缺乏支持，那么他的私人逻辑更有可能是消极的，这会导致他成年后产生自卑感和焦虑情绪。在现实中，私人逻辑对于一个人的心理健康与幸福至关重要。

每一个成年人都曾是一个孩子，每一位女性都曾是一位小公主，也永远是自己的小公主。

若有一台时光机，可以带着你回到小时候，你希望回到几岁？下面，请跟着我一起来完成一场穿越之旅吧。

回忆在你 10 岁以内，一件让你认识到自己是一位女生且感到像小公主般兴奋的事情。

这件事发生在你几岁的时候？

当时的环境或背景是什么样的？

发生这件事时，有哪些人在你身边？

事件的大致经过是怎样的？

当时你的感受、想法是怎样的？

当时你做了什么决定或判断？

近 5 年中你是否有类似的经历？如果有，请按照以上步骤进行记录。

对照这两件事，你发现了什么？

此刻，在我脑海中与"女生"相关的事，没有比下面这一事情更早的了。

在我很小的时候，父亲初入商海得利，家里有过几年富裕的生活，但之后由于生意走下坡路，在很长的一段时间内生活都是窘迫的。一天傍晚，天气有些闷热，但伴有微风。老家房子边上有一个竹园，竹叶被风儿吹得沙沙作响。我想，那大概是春夏交织的时候，气候让人感觉很舒适。爸爸从县城回来，带回来了一些礼物。他叫住我，说要送给我一条裙子。那是我人生中收到的第一件真正属于女孩子的礼物。由于当时家里经济条件欠佳，我大多穿兄长或是其他亲戚朋友给的衣服。因此，那条裙子于我而言是一个女生所有的美好。印象中，那是一件白色且带有粉色小花边的连衣裙。

次日，我早早起床，心里特别激动。以前，我总是羡慕别人有好看的裙子，如今我也有了，而且是真正属于我自己的"公主裙"，别提我有多开心了。于是我快速洗漱好，穿着那条裙子上学去了。

从进校门开始，到进入班级落座，我一直感到很紧张，并且脸非常红。有的同学说："呀，你今天穿裙子了！"有的说我太招摇，更有的说了许多不雅的话。这些话让我感到非常紧张，如同自己犯了大错，马上要被昭告世界一般。

当时我在想，要是我一直是一个小公主，那该有多好。若家里从未出现变故，父母也不用为了生计而奔波，能有时间与我交流，关心、呵护着我，就像童话故事里那般，那该有多好。如果可以，我想每个孩子都想成为焦点，但当我成为焦点时，又觉得那份"高光"不该属于我，那是虚幻的。现实中，我还是那个比丑小鸭更普通的人。

后来，我再也没有穿过那条裙子，但它一直在我的衣柜里。每当家里无人时，我都会拿出来试穿或是看看。乡下是经常要干农活的，那样一件"阳春白雪"的裙子总是突兀的。

再后来听妈妈说，那不是爸爸专程买给我的，而是别人送给爸爸用来还人情的。那时，我才明白，难怪那条裙子那么宽松，不像是按我的尺码买的。但我仍然选择相信爸爸是真心想送给我的。

如今，我的衣柜里有很多条裙子，颜色与款式也各有不同。我一直都很喜欢穿连衣裙，还会有一见到小女孩的公主裙就想买来送给朋友女儿的冲动。除了裙子穿起来方便，我想也是为了圆自己小时候的那个公主梦吧。

你呢？此刻请暂停阅读，花点时间想想，在你 10 岁前发生过什么事，让你有公主梦的想法。如果 10 岁之前的事情记不清了，也可以是 10 岁到 20 岁的事情。

我们可以按照表 1-1 进行梳理。

表 1-1 "小公主"私人逻辑梳理表

问题	事件
事件发生在你几岁的时候	事件发生在我 9 岁左右的时候
事件的内容（发生的环境、人物、情节等）	爸爸送了一件不是专程为我买的连衣裙，却是我人生中第一件属于自己的连衣裙，我兴致勃勃地穿着去上学，引来众议

续表

问题	事件
当时你有什么想法	一方面，我很开心、兴奋，并且想被关注、想被看见、想被关爱，想成为童话里的公主。另一方面，我也不想成为被议论的对象，不想成为"焦点"，很有压力
这个想法对今天的你有什么影响	我喜欢穿连衣裙，还会有一见到小女孩的公主裙就想买来送给朋友女儿的冲动。同时，在生活与工作中，我不太爱出风头，只想认真做好自己的事

关于梦想

梦想，在我看来，从某种意义上讲等同于欲望。它是我们毕生追求的方向，是我们前进的"指南针"。虽然，我们可能没有活成梦想中的样子，但那并不影响它在我们生命中的意义。

梦想是美好的，之所以美好，大多是因为它还未实现。没有得到的东西永远珍贵。大多数时候，人们往往更善于发现自己所没有的东西，而非已拥有的。

梦想也是一种信念。它不断地锤炼着我们的身心，让我们能更好、更快地成长。那些实现了梦想的人大都被贴上了"强者"的标签。什么是强者？日本作家三浦紫苑曾说，真正的强者，不是看他们干什么干得好，而是看他们没有干什么。**强者，就是在取舍之间，比普通人做出了更坚定的选择。**于女性而言，我更喜欢把强者称为"超人"。小时候，天马行空的梦想最为纯粹，纯粹得让世界看起来无比可爱。长大后，我们有着多重身份，我们是女儿、妻子、妈妈，更是我们自己。我们大到每年，小到每一天都在做着选择。从"小公主"变成"超人"，涅槃般地成长。除了成长后的喜悦，更多的是我们在一次次取舍间，做出了坚定的选择。

关于梦想，你小时候是如何定义的？

多小算是小时候？有的人说是几岁到十几岁；有的人说结婚之前，结婚之后就不算了。

一位年长的人说，小时候就是你还记得的曾经。因为今天的自己就是比昨天年长。我很喜欢这个说法，当下就是我们这一生中最年轻的时候。

小时候你有什么梦想？下面请与我一起来做一个简单的梳理，目的是找到我们的初心。最初的自己想要的是什么？

当你还是一个小女生时，你有哪些梦想？尽情回忆，无关对错，想到什么就写什么。这些梦想可能涵盖了各个领域。

比如：

成为一名科学家。

成为一名医生。

成为一名教师。

成为一名画家。

成为一名作家。

成为一名运动员。

成为一名探险家。

成为一名音乐家。

……

我曾在课堂上问这个问题，一个学员的回答给我留下了很深的印象。该学员说："我小时候的梦想就是嫁到城里去。"大家瞬间哄堂大笑。而后，大家的表情却有些严肃，因为有几个同样是在农村长大的学员说，她们小时候也有过这样的想法。

那时候的想法就是改变当下的生活，这是一种逃离，也是一种期待与渴望。有一个句式，最适合形容当时的状态：如果我……就好了。

我想，当时她的那个梦想，不仅是她自己对美好生活的向往，也有来自家人的影响。

当然，女子嫁得好、有所依靠，然后相夫教子，确实很好。可后来怎么样了呢？

她说，后来她发现，嫁到了城里之后，依旧没有得到她想要的幸福（长大后想要的幸福）。

我们再来看看其他几位学员的故事。

学员 Z，放弃了原本安稳的工作，配合丈夫先后做了 4 次试管婴儿才有了现在的女儿。虽然孩子出生时体重未达 2 千克，但 6 年过去，硬是被她调理成了体格健硕、性格活泼的小丫头。

学员 F，独生女，因要照顾父母，需要留在父母所在的城市，从而放弃了相知相爱 5 年的男友，选择了一位本地的相亲对象，从相识到领证，只用了 41 天。

学员 T，与丈夫相伴从一无所有到有房有车。她从广告界的设计新星到隐退于江湖，全身心地做家庭主妇，这一隐就是 7 年零 6 个月。复出时，她已是单亲妈妈。她说，虽然她身材走样，已是两个娃的妈妈，但眼里终是容不下沙子的。在遭遇了背叛后，她选择了一别两宽。

她们都怀揣过天马行空的梦想，都有过只因单纯喜欢而热爱的追求，都曾是眼里心里皆有光的小女孩。在面临人生中的重要选择时，她们勇敢、坚定且不惧代价。她们都是普通人，但她们也都是"超人"。生活是不易的，梦想与现实也终究是有差距的。对于无法改变的现实，我们只能改变自己对它的看法。或许对于某些女性而言，命运与生活确实很"薄情"，但我们能做的，就是在这个"薄情"的世界里，深情地为自己而活。

长大后，再次思考梦想

请根据表1-2，梳理你人生中比较重要的决定。

表1-2　梦想与重大决定梳理表

问题	答案
我小时候有过哪些梦想	
这些梦想现在是否实现了？若没有，请写出原因	
回忆一件你人生中一次重要的决定。这件事对你有什么影响？与你现在所焦虑的事是否有关联	
结合以上两件事，你发现了什么？引起了你什么样的思考 （不用着急，请带着这些思考，继续阅读本书）	

　　每个成年人都曾是一个孩子，每个成年人心中也都住着一个孩子。而每一位女性过去、现在和未来，也都是一个小

公主。当现实无法像童话那般（有爱你的国王与王后，还有视你为全世界的王子）时，请记住，我们是自己的小公主，我们在自己的生命中独一无二、无可替代。

就像海明威在《老人与海》里说的，"人可以被毁灭，但不能被打败"。无论生活给了我们什么，我们都要有报之以歌的勇气。

生而平凡也不平凡

曾有一位学员来我家，跟我说她特别焦虑，想找我聊聊。她说她觉得自己特别失败，日子也过不下去了，原本一直在追求不平凡的人生，然而现在，婚姻、事业都很糟糕。我递给她一杯茶，让她半躺在我的摇椅上，给她放了舒缓的音乐，然后带她做了 15 分钟的冥想与音乐疗愈。调整完状态后，我们聊了起来。

我：你觉得什么样的人生才是不平凡的？

她：婚姻幸福，事业成功，能买更好的车与房子。

我：这些在你看来，是目前你没有的吗？

她：对。

我：你认为什么样的婚姻是幸福的？

她：夫妻恩爱，性格互补，时常还会有生活的小惊喜。另外，我不用说什么，对方就能懂，不像现在这样，一天忙下来，晚上都没几句话，而且很多时候，他都达不到我的要求。

我：什么要求？具体是怎样的？

她：比如我希望他能多挣一些钱；比如我希望他能在我累的时候做些家务；比如我希望他能多陪陪儿子，带儿子去运动。

我：这些想法你告诉过他吗？

她：这不是他作为一个丈夫与父亲应该做的吗？哪还用我说？

我：所以，你没有明确地告诉他做这些能让你感受到他的体贴与爱，是吗？

她：嗯，是。

……

在亲密关系中，若你对对方有什么要求，需要直接告诉对方，而不是让对方去猜，因为在这个世界上，不会有人百分之百地了解你所有的想法。

随后，我给了她一张表（表1-3），帮助她梳理她所拥有的东西。我把这张表称为"不平凡自我认知表"。

表1-3 不平凡自我认知表

情况综述	分析
当下你的身体健康情况是否良好？	是
近来是否拥有健康的饮食习惯？	是
是否经常有意识地运动和锻炼？	是
是否拥有较稳定的婚姻关系？	大部分
家庭成员能否相互理解与支持？	大部分
是否有一个或一个以上无话不谈的朋友？	是
是否拥有志趣相投的朋友，有被支持和理解的社交圈子？	是（算是吧）
是否有过能给自己带来满足感的工作？	有过
是否拥有较稳定的收入？	是
是否注重个人的成长与进步，喜欢不断学习新技能和知识，追求梦想？	是，我追求完美，也比较努力
是否拥有一定的情绪调节能力，拥有积极的心态，享受内心的平静与满足感？	还行吧，一般
如果有一天，你突然消失了，哪些人会特别难过？在哪些人的世界里，你是独一无二、无法取代的？	我的父母、姐姐、丈夫、儿子、女儿、外婆，还有一些铁哥们……

这张表完成后，她端详了许久，然后露出了大大的笑容。

她把这张纸遮盖在额头上，有些羞涩地笑了，我也笑了。

我知道，她已经找到答案了。

生活，对于大多数人来说常常是平凡的。我们每天早晨醒来，洗漱完毕，走向拥挤的人群，挤进拥挤的地铁，穿梭于熙熙攘攘的街道，投身于一天的工作、学习中。回家后，我们会准备饭菜，看一会儿电视剧，与家人聊天，并在完成这一切后入睡。这样的日子似乎毫无意义，一切都平平无奇。

然而，平凡并非平庸。当我们细细品味生活中的点滴细节，会发现即使看似平凡的日子也蕴含着无数的可能和奇迹。在我看来，人生中的高光时刻并不是持续不断的，而生活中的点滴时刻才是走向不平凡的关键。

平凡本就是不平凡的一部分。宽广浩渺的海洋是由每一滴海水汇聚而成的，每一个平凡的日子无疑都是构成人生宏大画卷的一笔。我们人生中每一个瞬间都值得被珍视和感激，特别是对那些深深爱着我们的人而言，我们的存在就是不平凡的。想想清晨的闹钟声，热气腾腾的咖啡，家人眼中的微笑，这些都是我们生命中独一无二的存在。这些平凡的瞬间让我们的生活充满了温暖和美好。

当然，平凡中也蕴含着不平凡的力量。每天的工作、学习或家务，都是我们人生剧本的重要组成部分，就像在一幅完整画面中，每一块拼图都是必不可少的。我们每个人都在不断打磨自己，为追求自己的目标而不断努力。就像每天只做一件小事，但积少成多最终会引发巨大变化一样，我们每一次努力也都是不平凡的体现。

一个人的成功源于千千万万次平凡的努力，平凡的日子是创造机会的源泉。正如唐代诗人王勃所说："穷且益坚，不坠青云之志。"青云之志，都是在生活中的点滴中打磨出来的。平凡与否，都是我们自己决定的。对待生活的态度决定了我们的体验和感受，对待平凡的态度则决定了我们通向不平凡的方式。

因此，平凡与不平凡的定义因人而异，结果也不尽相同。这取决于个人的欲望和价值观，我将这称为"幸福感知度"。就像当一个人在饥饿时，只需要一个大馒头填饱肚子就会感到幸福一样。当我们感到不满和意难平时，可以反问自己是否期望过多，或者自己的幸福感知度是否过低，以致无法享受当下。

每个人都是不平凡的存在，我们的生活是一首独一无二的交响曲。即使生活看起来很普通，我们也能演绎出令人感动的乐章。好的乐章不是只有高昂明亮的部分，而是高低交错的不同音域的组合。所以，请珍惜每一个平凡的日子，在平凡中锤炼非凡的魅力。

第二节
SECTION 2

焦虑的可怕与不可怕

焦虑可怕吗？的确，它是可怕的。

它时不时地光顾我们的生活，给我们带来烦躁、不安和恐惧。但是，你知道吗？焦虑也是我们人生旅途中的一位"奇妙伙伴"。

焦虑，是我们身体的一种自然反应、一种警示信息，更是一种自我保护机制。它就像一位警官，在我们的大脑里不停地巡逻，保护我们免受潜在威胁的影响。只是有时候，这位"警官"可能会有点过度热心，误把小事当成大事，让我们感到不安。

然而，正如热心的"警官"需要培训和引导一样，我们也可以学会管理和控制焦虑。想象一下，如果我们能够与焦虑成为友好的伙伴，了解它的使命和来源，能准确地识别它，我们就能更好地利用它的警示作用，而不是让它变成我们生活的主宰。

一张有魔力的自我识别表

在日常生活中，当你感到状态不佳时，你是否能自我察觉？多数时候，最先发现一个人状态不好的，并不是这个人自己，而是他人。

识别自己当下的状态极为重要。当你感到状态不佳时，可以使用表1-4进行自测。

表 1-4　女性焦虑自我识别表

女性焦虑时身体上的反应		女性焦虑时心理上的感受	
1. 心跳加速	☑	1. 感到紧张	☑
2. 呼吸急促	☐	2. 忧心忡忡	☐
3. 出汗增多	☐	3. 绝望无助	☐
4. 肌肉紧绷	☐	4. 内心矛盾	☐
5. 脸颊潮红	☐	5. 感到羞愧	☐
6. 手颤抖	☐	6. 心烦意乱	☐
7. 喉咙紧闭	☐	7. 疑神疑鬼	☐
8. 胸闷感	☐	8. 心神不定	☐
9. 脑海混乱	☐	9. 束手无策	☐
10. 额头冒汗	☐	10. 感到恐惧	☐
11. 恶心想吐	☐	11. 感到恍惚	☐
12. 脸色苍白	☐	12. 感到不被爱	☐
13. 肩颈紧绷	☐	13. 失去信心	☐
14. 腰酸背痛	☐	14. 心情低落	☐

续表

女性焦虑时身体上的反应		女性焦虑时心理上的感受	
15. 眼眶湿润	☑	15. 忧心忡忡	☑
16. 口干舌燥	☐	16. 感到沮丧	☐
17. 眼前发黑	☐	17. 左右为难	☐
18. 身体颤抖	☐	18. 烦躁不安	☐
19. 胃部不适	☐	19. 自责自怨	☐
20. 拳头紧握	☐	20. 充满压力	☐
21. 咬牙切齿	☐	21. 悲观消沉	☐
22. 感觉眩晕	☐	22. 萎靡不振	☐
23. 腿部无力	☐	23. 感到崩溃	☐
24. 感到发冷	☐	24. 疲惫不堪	☐
25. 瞳孔扩大	☐	25. 孤独无助	☐
26. 头晕目眩	☐	26. 无法释怀	☐
27. 心悸心慌	☐	27. 心力交瘁	☐
28. 身体发麻	☐	28. 充满抑郁	☐
29. 失眠多梦	☐	29. 思绪混乱	☐
30. 骨头酸痛	☐	30. 忐忑不安	☐

使用方法：

（1）自测时，在当下你有的身体上的反应后面打钩。

（2）自测时，在当下你有的心理上的感受后面也打上钩。

（3）不用太过纠结，只要自己身心存在该状态就可以打上钩，哪怕只有一点点。

（4）每打一次钩计为 1 分，统计你的分数。

A 级焦虑：如果你的得分在 0~29 分，表示焦虑程度可控，通常可以通过一些自助方法来缓解。本书中的一些方法也能对你有所帮助。

B 级焦虑：如果你的得分在 29 分以上，表示焦虑可能对你的生活和工作产生了一些明显的影响。在这个阶段，你需要重视，最好找专业人士或是找可信赖的朋友聊聊。你也可以尝试本书中的自助疗法，尝试后可自观是否有所改善。[①]

只有感知情绪，才能更好地接纳与调节情绪。

感到焦虑时的 11 个自我排解方法

生活中引起女性焦虑的原因有很多，比如：童年的一些经历，近期的工作或生活环境的变化，还有生理变化、私人逻辑，等等。

焦虑情绪并非由单一原因导致。很多人在焦虑时并不总是找专业心理工作者进行干预与治疗。一方面，寻找专业的心理咨询师需要费用；另一方面，大多数人并不希望糟糕的情况被人知晓。当然，也不排除有些人是不想让身边的亲人与朋友感到担忧和烦恼。因此，大多数人的常态是选择独

---

① 特别说明：本表旨在帮助大家识别自己的状态，不作为焦虑症、抑郁症等疾病的专业测量工具。

自承受，到最后，真正受伤的除了自己，还有身边最亲近的人。

那有没有什么缓解焦虑的方法，可以不用太多的专业技术，自己就能尝试练习的呢？

当然是有的，而且只要你说"我愿意"，就可以尝试。在本节中，我将给大家介绍 11 个感到焦虑时的自我排解方法。

1. 自由书写法

你是否有写日记的习惯呢？我一直保持着这个习惯，尽管从最初的每天一篇，变成了现在的隔一两天写一篇，有时忙起来会隔好几天才写一篇，但也从未放弃过。记得小时候，我还会给日记本上锁，希望那里成为一个完全属于自己的秘密花园。日记里的内容都是最真实的感受，仿佛那里是我自己的小世界。

如今，想写点东西，记录一下心情，还不想被别人知道太容易了！手机或是其他电子产品中都有备忘录一类的应用（App），这满足了我写秘密日记的需求。

我给大家介绍的第一个方法是自由书写法，它是一种常用的情绪调节方法，也被称为"情感写作"。我在咨询工作中也常使用此方法，效果显著。它可以帮助你表达和处理情绪，减轻焦虑和压力。

以下是自由书写的具体方法。

（1）找一个安静的地方：选择一个你感到安心和私密的地方，确保你不会被打扰（在自由书写时，你也可以播放自己喜欢的轻音乐作为你此次活动的背景音乐）。

（2）准备书写工具：准备一本笔记本或一台电子设备，以便书写。选择一种你感到舒适的方式。

（3）设定时间：决定你要花多长时间进行自由书写。通常建议至少写 15 分钟到 20 分钟，但你可以根据自己的感受来调整时间。

（4）开始写：开始书写，不需要担心字词或语法错误，只需写下你的内心感受和想法。不要强求让文字有逻辑，只需随意写下。

（5）放松心态：让自己放松，不要自我审判，不要担心别人会看到你写的内容。这是一个私人的练习，你不需要与其他人分享。

（6）表达一切：不要自我限制，尽量表达你所有的情感，包括愤怒、伤心、担忧、害怕等，不需要隐藏或压抑情感。

（7）写下具体的细节：如果有特定事件或情境触发了你

的情感（情绪），尽量写下相关的细节，包括时间、地点、人物和事件等。

（8）不要停下来：在规定的时间内尽量保持连续书写，不要停下来思考或编辑。

（9）结束和反思：当时间到达时，结束你的写作。然后，花一些时间反思你写的内容，看看是否有新的见解或感受（看看你发现了什么）。

自由书写的目的是让你释放情感，减轻情绪负担，并帮助你更好地理解自己。你可以选择每天进行自由书写，或在需要时使用这个方法来平复情绪。这是一个简单而有效的情绪调节方法，对许多人来说都非常有帮助。

在完成自由书写练习后，若你的状态有所缓解，则可以选择做以下进阶练习。方法很简单，你只需根据以下提示语，完成问答即可。

提示语：

- 你现在感觉怎么样？
- 你在担心什么？
- 哪些事让你焦虑？
- 这些事是已经发生的还是尚未发生的？
- 你希望得到什么？

- 事情一定会朝着最坏的结果发展吗？

- 接下来你可以怎么做？

例：我此刻因为写书的事感到焦虑，按照提示语，我做了以下整理。

- 你现在感觉怎么样？

我现在感觉很焦虑。

- 你在担心什么？

我担心自己无法做好工作。

- 哪些事让你焦虑？

我不能很好地胜任写书的事，担心自己写出来的文字对读者没有帮助，担心自己的文字功底与专业能力不足，经不起市场的检验，担心自己写的书无法成为一本好书，担心我的时间不够用。

目前，我的时间被分配到处理工作、照顾家庭与孩子、睡眠以及阅读与写作等多个方面。我曾经想要做很多事，但发现自己精力有限，无法同时做好那么多的事。因此，我感到焦虑。

- 这些事是已经发生的还是尚未发生的？

目前尚未发生，但可能会在未来发生。

● 你希望得到什么？

我希望自己能合理地安排好时间，多写出更有价值的内容供读者阅读。

● 事情一定会朝着最坏的结果发展吗？

不一定。

● 接下来你可以怎么做？

接下来，我要做一张时间规划表，把时间分为四个主要模块，然后再细化。这样做可能会缓解我在时间上的焦虑感。接下来，就是规划每一章节的字数。这样，就会简化很多。另外，我可以告诉自己，每天写完多少字，就可以停笔，然后把剩余时间用在阅读与思考上。这些都是我当下能做到的事，我相信自己能做好。至于未来这本书是否能成为畅销书，并不是现在该考虑的。

如上，只要这样整理当下的焦虑感受，你就可以让自己正视它、面对它，当这件事过去后，你就会发现它没有那么可怕，焦虑状态也就好了许多了。

2. 冥想法

冥想是一种心灵训练，能帮助你放慢脚步，把注意力集中在当下的体验上。它是一种放松、觉察和平静的状态，就像给你的大脑放了个假。你可以把冥想想象成给心灵洗个澡，会让你感到清新、轻松，疲劳感最后会消失得无影无踪。

我觉得，冥想就像一种神奇的魔法，可以缓解我们身心上的压力。它还能增强我们的专注力，让我们在喧嚣的世界中保持冷静和专注，在一吸一呼间，感受当下的美好。此外，它非常有助于调节我们的情绪，能给我们带来更多的喜悦和平静，就像内心播放着欢快的音乐那般美好。

如何进行冥想呢？

进行冥想没有过多的要求，你只需要找个安静的地方，坐下或躺下，闭上眼睛，开始深呼吸，慢慢地吸气、呼气，把心灵放空，不要被杂念困扰。

集中注意力在你的呼吸上，感受气息进出鼻子，感受胸腔的起伏。如果有思绪飘来，不要着急，轻轻把它们推走，回到对呼吸的感知上来。你也可以尝试专注于觉察身体的状态，一点点地感受身体的每一个部分，就像身体的探险家。

冥想需要耐心和练习，就像学习骑自行车一样，一旦掌握技巧，你就会发现这段心灵之旅是如此的美妙和愉悦。

下面简单地介绍下冥想中主要的方法与技巧，希望对你有帮助。

你可以选择尝试以下一种或多种冥想方法。

- **专注冥想**：专注于当下的感觉、呼吸或环境。感受每个瞬间，不评判，不陷入回忆或担忧。比如，感受一杯茶的温度、香气、口感等。

- **身体扫描**：逐步关注身体的不同部位，从头到脚，放松每一块肌肉，以释放紧张的情绪。

- **呼吸冥想**：专注于呼吸，深吸气，慢慢呼气，感受气息的流动。

- **音乐冥想**：选择轻柔、舒缓的音乐，闭上眼睛，感受音乐的节奏和旋律，让其带你放松。

- **行走冥想**：在悠闲的散步中，聆听周围的声音，沉浸于当下的行走体验。

- **冥想休息**：每天早晨醒来或晚上入睡前，花几分钟冥想，开始或结束一天。

- **感恩冥想**：在一天结束时，想想你所感激的事物，带着这份感激之情，让心中充满感恩的能量。

在实践中，我常常是几种方法结合起来使用，后文也会再次提及。

只要你愿意，随时随地都可以冥想。但在冥想的过程中，你可能会遇到以下挑战。

- **思维漫游**：即使你的思绪四处游荡，也不要责怪自己，只需将注意力重新集中在呼吸或冥想对象上即可。

- **不耐烦**：有时你可能感觉无法安静下来，这时你可以尝试逐渐延长冥想时间，开始时只需几分钟，慢慢适应，不要急功近利。

- **寻求完美**：冥想并非达到某种特定的状态。接受你此刻的状态，不要试图追求完美，这个过程就是冥想的一部分。

记住，冥想的时刻是属于你自己的时光。不要给自己太大的压力，享受这段与自己对话的时光。每次冥想，都是向内心更深处探索的新旅程。

当然，它也是一种心灵的练习，就像健身一样，需要坚持不懈。开始时你可能会觉得有些困难，但不要气馁，每次冥想都是一次成长，一次体验，每一刻都是有价值的。慢慢地，你会发现自己的冥想状态越来越好（在本书的最后，附有我专为本书创作的疗愈音乐和冥想引导语音。若有需要，可供参考）。

冥想引导词

这是一份身体扫描的冥想引导词,当你感到焦虑紧张时,不妨试试。

1. 找个安静的地方坐下或躺下,轻轻闭上眼睛。开始深呼吸,慢慢吸气,然后保持住四五秒,再慢慢呼气(调整 3~5 次呼吸)。

2. 让我们从头部开始。注意你的头皮,它的感觉如何,是否有紧张感?随着深呼吸让其慢慢放松。

3. 然后,注意力转移到脸部,包括你的眉骨、眼睛和嘴巴。检查一下有没有紧绷感或不适。我们依次放松眉骨、眼睛、鼻子、嘴巴、下巴,感受它们依次在一吸一呼间慢慢放松。

4. 接下来,我们来到颈部和肩膀。感受颈部的放松感或紧绷感。留意你的双肩是否有压力。放松,意识放在有紧绷感的部位,让其放松。

5. 移向手臂,包括上臂、肘部和手腕。感受它们的状态,如果感到紧张,就慢慢放松下来。

6. 回到你的上半身,关注胸部和背部。感受你的每次呼吸，留意你胸腔的扩张和收缩。

7. 意识来到腹部，注意腹部上下的运动，每次呼吸时，感受腹部的变化。

8. 再到骨盆和臀部。感受坐骨的支撑，以及坐骨是否感到紧绷或舒适。

9. 继续到大腿、膝盖和小腿。感受负重感和膝盖的状态。

10. 最后，留意你的脚掌和脚趾。感受脚掌的接触面，以及脚趾的状态。

11. 缓慢地回到呼吸，深呼吸几次。当你准备好时，慢慢地睁开眼睛。

这个冥想可以帮助你舒缓身体，缓解焦虑与压力，增强对身体的觉察。你也可以由脚趾开始，由下向上进行全身扫描，放松身体，把意识带到当下。这种方法随时可用。

练习时，你可以选择一首自己喜欢的轻音乐，也可以不加音乐，这均由你来决定。

3. 运动法

运动不仅对身体有益，也对心理健康有积极影响。它被认为是缓解焦虑和压力的一种极其有效的方法。无论是散步、瑜伽，还是跑步、健身，都能在释放压力、舒缓情绪方面起到积极作用。

运动如何缓解焦虑?

释放压力激素：运动可以促使身体释放内啡肽和多巴胺等"快乐激素"，能够使人产生愉悦感，有助于缓解压力和焦虑感。

促进身体放松：运动有助于放松身体，特别是在高强度运动后，身体会感到轻松，这也能够使心情得到放松和舒缓。

改善睡眠质量：规律的运动能够帮助人体调整生物钟，改善睡眠质量，从而减轻由焦虑和压力导致的失眠问题。

提升自信心：通过锻炼身体，你可以感受到身体逐渐变得更强壮、更有活力，这有助于提高自信心，减少负面情绪。

如何进行运动?

选择适合自己的运动：选择你喜欢的运动方式，建议选择一种适合你的，你也能持之以恒的运动方式。

逐步增加强度和时长：如果你刚开始运动，可以逐步增加运动的强度和时长。不要急功近利，要逐渐适应身体的变化。

制订计划：制订一个合理的运动计划，并且坚持下去。将运动融入你的日常生活中，使其成为一种习惯。

寻找运动伙伴：如果可能，可以和朋友、家人或运动社群一起运动。这样可以增加乐趣，也更有动力坚持下去。

合理安排休息：在运动中要合理安排休息，保证身体能够得到恢复。

记住，坚持不懈是关键。享受运动的乐趣，让它成为你缓解焦虑的得力帮手吧。

案例：女性更适合跑步

德国著名的长跑运动员和教练赫尔伯特·史迪凡尼在他的著作《跑步圣经》里说，女性更适合跑步。他介绍了许多关于跑步的计划，其中一个是关于慢跑的计划。他建议每周慢跑二次，每次至少一小时。这个计划循序渐进，比较好坚持，具体做法如下：

前六周，每次步行半小时，然后快走半小时。

再六周，每次快走一小时。

接下来十周慢跑，每周跑三次。

这样坚持半年左右，你就能成为一名"跑者"。你的身体机能也将更加完善，身体也将分泌更多的多巴胺与内啡肽，从而拥有更多的血清素（帮助头脑清醒），这可以帮助我们的情绪更稳定。

当然，每个人可以选择自己喜欢的运动方式，只要于你而言方便易行并且能长期坚持便好。

4. 制作自己的焦虑缓解瓶

这是应对焦虑情绪的一种有趣的方式。我经常与学员及他们的孩子一起制作焦虑缓解瓶。

你需要准备的材料如下。

- 一个干净的透明瓶子，或是一个闲置的储物罐，最好是有盖子的。
- 彩色纸条、便笺纸或白纸若干。
- 可书写的笔，标记或装饰物若干。
- 一袋小小的心愿星星或彩珠。

具体步骤如下。

（1）准备你的瓶子：找到一个透明的小瓶子或是空的储物罐，确保它是干净且干燥的。我的很多学员都喜欢用透明的瓶子，她们认为那样做出来就像是心愿瓶，很好看。如果你喜欢别的样式的也可以。

（2）写下令你感到快乐和舒适的事：使用彩色纸条、便笺纸或白纸，写下一些可以在焦虑时令你感到快乐和舒适的事。可以是简短的句子、鼓励的话语，也可以是一些愿望和梦想。例如，你可以写下"看一部喜剧电影""给自己一份甜品""打电话给亲友""给自己买一个小礼物""去喝杯咖啡""睡觉""出去逛逛""你是最优秀的"，等等。如果可以，不要忘了用彩色纸条或便笺纸装饰，这将更加有趣，也更加赏心悦目。

（3）把纸条装进瓶子：将你写好的纸条小心地卷起来或是折叠好，然后放进瓶子里。你也可以在瓶子中间放一些小小的装饰品，比如心愿星星或彩珠，从而增加视觉吸引力。

（4）封好瓶盖：盖上瓶盖，确保所有的纸条都装在里面了。

（5）抽取纸条：当你感到焦虑或情绪低落时，拿出你的焦虑缓解瓶，轻轻摇晃它，然后从中抽取一张纸条，不要看，只需随机选择一张。

（6）**执行纸条上的事情**：无论纸条上写了什么，都立刻去执行它。这可能只是一项小小的行动，但它可以在瞬间改善你的情绪。

这个焦虑缓解瓶是一个有趣的工具，可以在你需要时带来一点轻松和愉悦，可以让你回忆起一些简单而令人开心的事情，帮助你摆脱焦虑，重新获得平静和愉悦感。

5. 细数呼吸法

细数呼吸法是一种有效的自我调节技巧，可以用来缓解焦虑、压力和紧张情绪。它可以帮助女性稳定情绪，保持内心平静，提高情感管理能力。

操作方法如下。

（1）**找一个安静的地方**：尽量找一个安静、无干扰的地方坐下或躺下，让自己感到舒适。或者，你也可以在感到焦虑时（无论身处何处）闭上眼睛，按以下步骤调整呼吸。

（2）**开始深呼吸**：开始深而缓慢地呼吸。慢慢吸气，让空气填满你的肺部，再慢慢呼气。专注于每一次呼吸，让你的呼吸成为你的焦点。

（3）**数一数呼吸**：数一数你的呼吸。当你吸气时数

"一"，当你呼气时数"二"。继续数数，直到数到"十"，然后重新开始，这有助于保持专注。

（4）**专注呼吸**：在呼吸的过程中，将你的注意力集中在呼吸上。注意气流，感受它进入你的鼻子后带给你的凉凉的感觉，然后慢慢充盈你的肺部，再用嘴巴呼出，让它离开你的身体。如果你的思绪开始漫游，就将其带回到呼吸上。

（5）**放松身体**：深呼吸有助于缓解身体的紧张感。当你呼气时，想象你释放掉的是身体的紧张感和焦虑感，让每一次呼气都变得舒缓。

（6）**持续时间**：进行这个练习至少5分钟，或者更长，这取决于你的需要。细数呼吸法可以在任何时候使用，无论是在焦虑情绪涌上心头时，还是只是为了保持内心的平静。

6. 自我关怀鼓励法

自我关怀鼓励法是一种心理健康技巧，旨在帮助我们通过积极的语言来减轻焦虑、增强自信。这个方法鼓励个体在安静的环境中，通过深呼吸、情绪和身体的放松，以及积极的自我暗示，建立内在的积极情感和力量。

自我关怀鼓励法可以帮助人们更好地应对生活中的挑战，实现自我关怀和内心的平静。这是一个非常有益的方法，对女性缓解焦虑非常有帮助。

你需要：

- 安静的空间。

- 至少 5 分钟的时间。

具体步骤如下。

（1）**找一处安静的地方**：寻找一个你可以独处的地方，远离干扰和噪声。

（2）**坐下或躺下**：找一个舒服的姿势，可以是坐着或躺着，能让你感到轻松即可。

（3）**深呼吸**：开始深呼吸，慢慢吸气，再慢慢呼气。专注于你的呼吸，感受气息进入和离开你的身体。

（4）**专注当下**：现在，将你的注意力集中在你的情绪上。不要试图否定或抵抗焦虑，只要意识到它的存在即可。

（5）**积极的自我暗示**：用积极的话语和自己说话。告诉自己"你是坚强的，你能够面对焦虑"。进行积极的自我暗示，比如"我有能力克服这一切"或"我值得快乐和平静"。

（6）**放松身体**：逐步扫描你的身体，寻找紧张的地方。用深呼吸来放松这些区域，释放紧张感。

（7）**继续深呼吸**：在整个过程中，继续深呼吸，专注于每一次呼吸。如果焦虑情绪再次涌上心头，不要担心，只需回到积极的自我暗示即可。

（8）结束：在结束后，慢慢地睁开双眼，你应该会感到更加轻松和平静。

这个方法可以在任何时候使用，它能帮助你平复焦虑情绪，增强内在的力量和积极性。

7. 焦虑暂停法

焦虑暂停法是一种应对焦虑情绪的技巧，通过将焦虑的思绪暂停，为自己创造一段短暂的宁静时刻。这有助于个体在焦虑情绪冲击下恢复冷静，以更理智和平静的方式应对问题。

具体操作方法如下。

（1）意识到焦虑：当你感到焦虑时，首先要认识到自己的情绪。不要试图否定或抵制它，只需承认焦虑正在影响你。

（2）想象"暂停"键：想象你前面有一个巨大的"暂停"键，就像电视遥控器上的那个。这个按键是用来帮助你制造一段宁静时刻的。

（3）按下"暂停"键：在心里按下这个"暂停"键。这是一种象征性的行为，它告诉你的大脑和身体要在这一刻停下来。

（4）什么都不要想：一旦按下"暂停"键，便试着停下来，不要思考或分析任何事情。只需呼吸并保持专注。不要让任何焦虑的思绪干扰你。

（5）等待平静：保持"暂停"状态，直到你感到情绪开始冷却下来，你的思绪变得更加清晰和冷静。

（6）继续面对：当你感到焦虑开始减轻时，松开"暂停"键。然后，开始谨慎地考虑如何处理你面临的问题或困境。

这个方法能让你在焦虑情绪来袭时有机会让自己冷静下来，而不是被情绪冲昏头脑。

8. 自我对话法

自我对话法是一种有效的心理调节技巧。每个人的心中都有很多个"我"，包括真实的自我、理想中的自我和别人眼中的自我。在情绪状态层面区分，我们可以将"我"分为情绪自我与常态理性自我。以下是通过自我对话法来缓解焦虑情绪的具体步骤。

（1）接纳情绪自我：当焦虑情绪出现时，首先要做的是接纳情绪自我。承认自己当前的情绪状态，不要试图忽视或抵制它。可以对自己说："我现在很焦虑，但这是一种正常的情绪反应。"这种接纳有助于减少内心的冲突，增加自我接纳感。

（2）**认识常态理性自我**：常态理性自我代表你在平静和理性状态下的真实自我。花一些时间回忆一下在没有焦虑情绪干扰时的你自己。问自己："平时的我是什么样的？""在不焦虑时，我如何处理问题？"这种认识有助于你在情绪中找到稳定的基点。

（3）**建立对话**：在内心中建立情绪自我与常态理性自我的对话。这个对话需要在安静、放松的环境中进行。可以选择一个合适的地方，深呼吸几次，让自己放松下来，然后开始内心的对话。

（4）**表达情绪**：让情绪自我充分表达当前的感受和困扰。可以在心里对自己说："我现在感到很焦虑，因为……"试着详细描述引发焦虑的原因和情绪感受。这个步骤的目的是让情绪得到释放和表达，避免情绪被压抑。

（5）**理性思考**：接下来，让常态理性自我进行理性分析。可以问自己："为什么我会有这样的情绪？""这件事情真的那么严重吗？""我有哪些资源和能力可以应对这个问题？"这些问题帮助我们从不同的角度看待问题，避免情绪化的判断。

（6）辩证思考：在对话中使用辩证的方式思考。既要理解情绪自我的感受，又要让常态理性自我提供理性的建议。例如，情绪自我可以说："我担心这件事情会很糟糕。"常态理性自我可以回应："但是，实际上，这件事情真的会像我想象的那么糟糕吗？有没有其他可能性？"

（7）综合需求：通过对话，找到情绪自我和常态理性自我的共同点。问自己："我真正的需求是什么？""我需要怎样的支持或资源来满足这个需求？"通过综合情绪和理性的需求，找到一个平衡点，既满足情感上的需求，又保持理性思考。

（8）制订行动计划或决策：最后，基于对话的结果，制订一个切实可行的行动计划或决策。这一计划或决策应该综合情绪和理性的观点，既考虑到情感的需求，又符合现实的情况。可以问自己："接下来我可以做什么来改善这个情况？""有哪些具体步骤我可以采取？"

自我对话法通过情绪自我与常态理性自我之间的对话，帮助我们找到内心的真正需求，用辩证的方式思考问题，最终以客观、理性的方式看待和解决焦虑问题。这一方法不仅有助于缓解焦虑，还能提高自我认知和情感调节能力，帮助我们更好地应对生活中的各种挑战。

以下是一位学员针对自己的情况所做的练习，她因为产后面试不自信而感到焦虑（Q——提问，A——回答）。

Q1：你现在感到焦虑吗？

A1：是的，我感到有点焦虑。

Q2：你担心的究竟是什么？

A2：我担心我的工作面试，我怕我会失败。

Q3：为什么你觉得你会失败？

A3：因为我担心自己的能力不足，而且我刚生完宝宝，担心对方不会录用我，担心自己被拒绝。

Q4：岗位要求中指出刚生完宝宝的妈妈不能应聘了吗？

A4：没有。

Q5：你为什么觉得你可以胜任？

A5：因为我有相关经验且离家比较近。此外，我是一个责任心很强的人，工作态度也很好。我会很认真地完成工作。

Q6：那你还在担心什么呢？

A6：是啊，我不用担心。

Q7：你可以做哪些准备呢？

A7：我可以调整好我的状态，为我所设想的面试问题准备好答案，并且我相信自己可以胜任。我还要告诉自己，我已经努力准备了，并且我有能力面对挑战。就算失败了，这也是一次学习的机会。

Q8：你需要什么支持或关怀吗？

A8：也许我需要朋友或家人的鼓励和支持，这会让我感到更自信。

自我对话法有助于你理性地分析焦虑情绪与状态，同时也给予自己理解和支持。这样的对话可以帮助你更好地应对焦虑，并做出更全面的决策。

随着人工智能（AI）技术的飞速发展，有不少 AI 软件可以实现人机对话。你可以根据自己的喜好，选择 AI 软件，进行角色扮演式的对话。以下是一个对话示例。

　　我：现在，请你扮演一个心理咨询师的角色。我现在感到有些焦虑，你能与我聊聊吗？

　　AI：好的。

　　（特别提醒：因 AI 软件不是专业咨询师，它的回答不代表专业性的回答，仅供参考。特殊情况还需请教专业人士。）

9. 减法生活法

　　减法生活法是一种通过减少物质欲望、化繁为简、专注于重要的事情，从而减轻焦虑情绪的方法。这个方法可以帮助女性缓解来自社会的压力，找回内心平静，享受更有意义的生活。

　　具体操作方法如下。

　　（1）确定重要价值观：花一些时间，先反思自己的价值观和目标，确定哪些对你来说是真正重要的东西，例如家庭、健康、友情、个人成长。

　　（2）减少物质欲望：审视你的物质欲望，问问自己是否真的需要那些东西。尝试减少购物和消费行为，专注于满足基本需求而非无节制的欲望。

（3）简化生活：精简你的日常生活，比如减少杂物、整理家居。这将帮助你创造更清爽、宁静的环境。

（4）设立优先级：确定一个任务清单，并为每项任务设立优先级。专注于最重要的任务，而不是让无关紧要的任务占据你的时间和精力。

（5）练习"断舍离"：定期审视你的物品。如果某样东西不再为你的生活带来价值，请考虑舍弃它。

（6）注重精神健康：为自己创造时间来放松、冥想或练习瑜伽，这将有助于舒缓心情、减轻焦虑。

（7）建立支持圈子：寻找与你有类似目标的朋友或社交圈子，互相支持和鼓励，分享你的减法生活法经验。

我有一位朋友，她的焦虑源自不能买更好的车。下面是我们对话中的一段。

Q：买了更好的车，你会怎么样？

A：我可以让别人知道我的实力，也能有机会进入更好的圈子。

Q：那拥有了这些，你真正得到的是什么？

A：我可能获得更多的人脉资源，赚更多的钱。

Q：赚了更多的钱，你要做什么呢？

A：我就可以过我自己想要的生活了。

Q：你想要什么样的生活？

A：财务自由，能有时间陪家人与孩子，等等。

Q：所以这些都是要买了更好的车才能拥有的吗？

A：这……（她陷入了沉思）

我知道，她有了不同的答案。生活中，有些焦虑源于自己想要的太多。加法不会带给人思考，而减法可以。若回归到车的使用功能上，它仅能代步而已，是我们赋予它太多的权力、地位、身份的意义，它才变得与众不同。

我并非反对大家追求更高品质的生活，而是希望所有的追求行为都能建立在量力而行的基础之上。这样，我们才能更好地应对这一追求所带来的挑战。

10. 睡眠法

良好的睡眠是缓解焦虑的重要方法，它对心理健康和整体幸福感来说至关重要。俗话说："能吃能睡，不会有什么大的事。"可在信息技术高速发展的今天，有太多人难以睡个好觉。缺乏足够的睡眠会增加人的焦虑感和紧张情绪，而充足的睡眠有助于调节大脑功能、平衡情绪和增强应对压力的能力。

怎样才能睡个好觉呢？可以采取如下方法。

（1）遵循规律的作息时间：每天保持相对固定的起床时间和就寝时间，养成良好的作息习惯，让身体适应固定的生物钟。

（2）创造舒适的睡眠环境：确保卧室安静、凉爽、通风，床铺舒适，避免过亮的灯光和噪声干扰。

（3）避免刺激物质：避免在临睡前摄入咖啡因、尼古丁、茶、酒精等，也尽量在睡前 1 小时内不吃任何食物，以免影响你的入睡时间和睡眠质量。

（4）放松身心：在入睡前进行放松练习，如冥想、深呼吸、听舒缓音乐等，这些可以帮助你放松身心，准备好进入深度睡眠。

（5）保持体育锻炼：适当的体育锻炼有助于提高睡眠质量，但要避免在睡前进行剧烈运动。

（6）限制白天睡眠时长：避免白天过长的午睡，以免影响晚上的睡眠。午休半小时左右为佳。

当我们焦虑时，确实无法轻松入眠。在这里，我给大家分享两个方法。

方法一：当我因为某事焦虑得睡不着时，我会选择什么事都不做。然后播放自己喜欢的音乐，手机不带入房间，房间里点上自己喜欢的香薰，并且做一些拉伸活动。之后，躺下并闭上眼睛，只关注音乐声和香薰的气味，别的事都不想。

方法二：当睡不着时，我不强迫自己入睡，而是想做什么就做什么，比如看剧或者阅读自己喜欢的书。有时候，我会走到书柜前，随手拿一本书就开始阅读。有时候，我还会买来很多自己想吃的美食，但只会吃到八分饱。总之，自己怎么舒服怎么来。直到折腾到自己筋疲力尽时，倒头就睡。当然，我不定闹钟，而是让自己想睡多久睡多久。

做这些时，我习惯告诉家人我当下的状态不好，需要一点时间来调整，以免让他们担心。你看，这做起来并不难，我相信你也可以做到。

11. 面对面暴露法

面对面暴露法是心理学中常用的一种治疗方法，有助于克服恐惧和焦虑。通过让个体逐渐面对其恐惧或焦虑的情境，帮助个体逐渐适应和减轻恐惧或焦虑。这种方法可以用于处理各种焦虑和恐惧情绪，包括但不限于社交焦虑、恐高症、飞行恐惧。

具体操作方法如下。

（1）识别焦虑或恐惧源：首先，帮助个体明确找到他们的恐惧或焦虑源。这或许是特定的场合、物体、情境，或者是某种情绪。比如我的一个朋友特别怕水。

（2）分级暴露：将焦虑或恐惧源分为不同级别，从最不具有威胁性的开始，逐渐过渡到更具威胁性的情境。例如，如果对水恐惧，最初可以从看着图片或视频中的水开始，然后逐渐过渡到触摸水、站在浅水中、游泳等。

（3）逐步挑战：在每个阶段中，个体都需要逐步挑战自己，面对焦虑或恐惧源。这可能需要逐渐增加暴露的时间，或者增加暴露的难度。刚开始时，可以由他人陪伴完成，之后逐渐过渡到独自完成。

（4）掌握放松的技巧：在暴露时，个体需要学会运用深呼吸、冥想或其他放松技巧，以帮助自己在面对焦虑或恐惧时保持冷静。

（5）正面反馈：提供积极的反馈和鼓励，以强化个体在暴露中的积极经验，这有助于建立信心。

（6）持续暴露：个体应该持续进行暴露，直到他们感到对焦虑或恐惧源的反应减少或消失。这可能需要时间，但坚持很重要。

（7）专业支持：如果极度焦虑或恐惧，寻求专业心理咨询或治疗是至关重要的。

以上 11 个超实用的方法可以帮助你缓解焦虑情绪。但请记住，这只是冰山一角。焦虑的治疗方法多种多样，每个人都可以找到适合自己的方式。本书的其他章节将为你提供更详细的信息。重点是不要忘记：焦虑虽然可怕，但并不是不可战胜的。它是身体告诉你的需要关注自己内心的信号。在这个过程中，你会发现更强大的自己，并且能够应对生活的各种挑战。

第二章

婚姻焦虑：
她的爱需要被看见

找到你的婚姻画像，唤起焦虑的你心中那双发现美丽心灵之眼，用过去某个幸福的瞬间，治愈与温暖夫妻关系中的希望之心。

在《会饮》（*Symposium*）中，阿里斯托芬讲述了关于圆球人的神话故事。圆球人本是雌雄同体，后被切成两半，形成了男人和女人。这些一度完整的个体不断地寻找着彼此，试图重新合二为一。这象征着生命的完整性和对爱情的追求，人们通过寻找他们的"另一半"来实现自己的完整。

中国民间传说中也有许多关于姻缘的故事。传说天上有一个掌管人间姻缘的神明月老，他操控着世间男女的情缘，手中掌握着红线，最终红线会把合适的男女牵在一起，象征着天定的良缘。

神话故事和传说反映了在不同文化中人们对于爱情、婚姻和伴侣关系的理解，以及这些关系对人类生活的重要性。这些故事常常传达出人们对于寻找灵魂伴侣、建立家庭和共同面对生活挑战的渴望。

不同的文化决定了人们观念的不同，不同的时代也会造就不同的文化。而今，社会更主张个体的选择主动性。女性可以根据自身的情感需要选择是否结婚。

在我看来，追求爱情与婚姻，皆是因为我们想成为更好的自己，学习如何爱人与如何被爱。

然而，已婚女性 70% 的焦虑感源于亲密关系。以下是夫妻幸福指数测试。

夫妻幸福指数测试

沟通与理解

1. 在一天结束时，你们通常会：

   A. 亲密地分享彼此的日常经历

   B. 分开做各自的事情，偶尔交流

   C. 很少交流

2. 当你感到沮丧或不开心时，你的伴侣会：

   A. 关心并试图帮助你解决问题

   B. 不过多打扰，让你独处

   C. 不太理会

共同兴趣与活动

3. 节假日你们更愿意：

   A. 一起参加共同的活动

   B. 分开做自己的事情

   C. 由一个人决定怎么度过

4. 对于共同的兴趣爱好，你们：

A. 力争保持共同的兴趣

B. 很少有共同的兴趣

C. 不太在乎对方的兴趣

争吵与谅解

5. 在有分歧的时候，你们：

A. 力求理性讨论，寻找解决方案

B. 避免争吵，各退一步

C. 多数时间都争吵不休

6. 当对方犯错时，你通常会：

A. 试图理解并原谅

B. 表达不满，但最终会原谅

C. 长时间怀恨在心

家庭责任与支持

7. 在家庭事务上，你们：

A. 平分责任，相互支持

B. 由一方主导，另一方提供帮助

C. 责任划分模糊，常常有矛盾

8. 在工作或生活上遇到问题时，你们：

A. 相互支持，共同面对

B. 自己独立解决

C. 不太愿意分享问题

感恩与表达爱意

9. 对于对方的努力和付出，你们：

A. 经常互相表达感激之情

B. 偶尔表达，但不太频繁

C. 很少表达感激之情

10. 在庆祝重要日子时，你们通常会：

A. 一起计划庆祝活动

B. 由一方主导庆祝计划

C. 不太注重庆祝

性与亲密

11. 在性生活方面，你们：

A. 有良好的沟通与理解

B. 时而有矛盾，但能够解决

C. 难以沟通，存在性生活问题

12. 对于亲密关系，你们：

　A. 保持亲密，努力维系感情

　B. 互相尊重，但不太注重亲密关系的维持

　C. 关系较为疏远

未来规划与共同目标

13. 对未来的规划，你们：

　A. 共同规划并努力实现

　B. 各有各的规划，但互相支持

　C. 缺乏对未来的规划

14. 对于共同目标，你们：

　A. 有共同的理想和目标

　B. 拥有各自的目标，但能够共享

　C. 缺乏共同的追求

时间管理与陪伴

15. 在日常生活中，你们通常：

　A. 有很多时间在一起

　B. 有一定的独立空间，但经常相伴

　C. 大部分时间都各自独立

16. 对于陪伴时间，你们：

  A. 重视共度的时间

  B. 有一些共度的时间，但不太在意

  C. 没什么共度的时间

沟通与解决冲突

17. 在有争议的问题上，你们通常：

  A. 进行开放且坦诚的对话

  B. 偶尔有争执，但能够妥善解决

  C. 遇到问题时很难进行有效沟通

18. 对于冲突解决方式，你们：

  A. 寻找共赢的解决方案

  B. 有时候一方会妥协，有时候各持己见

  C. 难以达成一致，经常有未解决的问题

信任与忠诚

19. 在信任方面，你们：

  A. 相互信任，感到安全

  B. 有时会因对方而感到不安，但能够克服

  C. 存在较多的不信任问题

20. 对于忠诚，你们：

　　A. 忠诚且相互支持

　　B. 偶尔有些犹豫，但基本能够维持忠诚

　　C. 忠诚度较低

计分方式：

选 A 得 3 分。

选 B 得 2 分。

选 C 得 1 分。

得分说明：

20~30 分：夫妻关系较为脆弱，建议寻求专业人士的帮助来改善。

31~48 分：夫妻关系一般，可能存在一些问题，但可以通过沟通解决。

48 分以上：夫妻关系健康，有良好的信任和沟通基础。

请注意，这个测试仅供参考，真正的幸福感受到多方面因素的影响，包括个体差异、文化差异等。①

---

① 本测试仅对婚姻关系现状做初步的反馈，测试结果并非绝对，仅供参考。

亲密关系处在迷恋阶段时，双方的感受是最甜蜜、幸福的。而处在依恋阶段时，这段关系则是最容易出问题且最需要呵护的。但当处在关爱阶段时，双方的关系最为稳定，彼此更加信任与了解。

每一段婚姻，均是一个独特的故事；每一个故事，都有着不同的开始；每一个不同的开始，就是不同的"迷恋画像"，在此我把它称为"婚姻画像"。

第一节
SECTION 1

婚姻画像，
你属于哪一种？

婚姻画像是对夫妻或伴侣关系进行有画面感的描述，包括画像剧本、角色特点、相处模式等方面，旨在呈现一个动态的、真实的、有代表性的婚姻状态，以便更好地理解和改善关系。

希望以下的婚姻画像中有你的婚姻缩影，而这个缩影可能会唤起焦虑的你心中那双发现美的眼睛，能用过去某个幸福的瞬间，治愈与温暖夫妻关系中的希望之心。

画像一：一句"我养你"带来的感动

画像剧本：

在一个偶然的机会中，她与他相识。经过几次有意或无意的交流后，彼此加深了了解，他喜欢她的特别，她喜欢他的体贴。恋爱的日子，平淡而别有诗意。她有着自己的职场梦想，可风云骤起，岁月蹉跎，在低谷时，他对她说："没事，这有什么大不了的，有我在呢，我养你啊。"她流下了感动的泪水。不久后，她成了他的妻子，他成了她的丈夫。

角色特点：

男方：事业成就高于女方，有担当，有点大男子主义、英雄主义。

女方：事业成就低于男方，但某些方面的优点特别突出。内心有公主梦，在女方心中，男方就是自己的白马王子。

相处模式：

女方依附于男方，婚后生活大多是男主外、女主内。在重要决策上，大多是男方占主导。

画像解读：

这里说的"我养你"只是一个代表概念，实意是在两性关系中，一方做了很多令另一方感动的事，而被感动方大多是女方。这种感动，很多时候会与感激、感恩之情交织在一起，从而形成一种依恋的习惯。多数女方认为这就是爱情。婚后，在女方与男方都没有改变的情况下，比如，男方一如当初地喜欢女方，想为女方遮风挡雨，想为女方提供更好的生活条件，尽管发现她有很多"不可理喻"的地方。同时，女方也能理解男方，并能不断地提升自己，不断地成长，让自己比当初更好，而不是更差。那么彼此的幸福指数就会较高。反之，幸福感则会大打折扣。女方会更加焦虑，认为自己不值得，或是选错了人，认为当初是被男方的话冲昏了头。若男方在婚后的生活中，一直不被女方理解与鼓励，不被尊重，男方也会认为自己的付出得不到相应的回报，久而久之，两人的心会越来越远。

画像故事

在一家小咖啡馆中，二人的故事开始了。她是一位独立而坚韧的女孩，总是深陷于工作的旋涡之中。他则是一个眼中充满温柔的旅行者，总是追逐着阳光和星空。

一次偶然的相遇，仿佛是宇宙的牵引。他坐在她对面，微笑着问："你是单身主义者吗？"她笑了，回答说："不是，但也不知道自己在寻找什么。"从那一刻起，他们的生活有了彼此的加入。他带她去看夕阳，她带他品尝城市中的每一道美食。在琐碎的日子里，他们悄悄地互相牵挂，就如同两颗行星被某种力量紧密连接。

然而，生活并不总是浪漫如诗。职业变动让她陷入了迷茫，未来变得朦胧而不可知。看着她疲惫的脸庞，他静静地说："我养你。"这句简单的话语，却如一道阳光洒在她的心房，融化了她所有的不安。

"我养你"并非承诺承受一生的负担，而是在最艰难的时刻，提供一个坚实的肩膀。他们决定一同面对未知的明天，携手穿越风雨。

婚后的生活，并非都是诗。不久后，他们迎来了他们的小天使。她一心主内，操持着家务与孩子；他尽情在职场奋斗。他们在一起谈天说地的时间越来越少了，加上生活中的各种琐事，她感觉自己不再受到他的重视，内心常常感到抑郁。刚开始，他还经常会与她分享自己的工作趣事，但后来就越来越少了。

婚姻，于他们而言，成了日复一日的柴米油盐。

当初有多相爱，现在就会有多受伤。当初有多义无反顾，现在就会有多么意难平。

画像二：一种"我爱你"的义无反顾

画像剧本：

她和他之间存在着地域、文化、家境、职业等方面的差异。然而，在缘分的引导下，两人相爱了。他们的爱很热烈，热烈得能够抵御一切反对之声。饱含对爱情的崇高信念和勇气，他们毫不犹豫地选择了对方，坚信彼此就是命中注定的另一半。最终，他们走到了一起，尽管付出了巨大的代价。

角色特点：

在美好爱情的滤镜下，他们不仅有激情，还充满了浪漫的气息。他们将对爱情的美好憧憬投射到现实中，但常常忽略了现实中的许多问题。他们认为相爱就足够了，并且他们的性格中带有一些执拗、勇敢与自我。他们热爱自由，但同时也有一定的控制欲望。

相处模式：

在现实的婚姻生活中，个体差异显而易见。尽管爱情很浓烈，爱得多的一方竭力忍让和包容，但这种忍让和包容也需要被认可和鼓励。不管初识时多么相爱，多么义无反顾，在婚姻中，现实与理想之间的差距都会显现出来。大多数婚姻都会面临相处问题，若不能解决个体差异带来的矛盾，这种问题就会愈发突出。

画像解读：

男女双方想在一起，然而周围有很多反对的声音。反对的声音越大，反而越激发了男女双方要在一起的欲望，促使他们爱得更加义无反顾。从刚开始的激情之爱，到为了奔赴自由的浪漫之爱，他们觉得彼此就是命定之人。婚后的他们，也一度认为自己是世界上最幸福的人。但生活无法一直保持激情与浪漫，轰轰烈烈过后，迎接他们的，终究还是平淡的生活。如果男女双方在婚后的生活中能解决各自差异所带来的影响，并且有一个较健康的沟通与相处模式，那么两个人能够共同成长，并且幸福感会较高。否则，幸福感会较低甚至毫无幸福感可言。当初有多么义无反顾，平淡中就会有多么歇斯底里。

画像故事

小林是土生土长的上海人，毕业于一所"211"学校，后在一家科技公司工作。在一次小聚会中，她在一家小酒馆结识了来自四川的小刘，小刘是那家小酒馆的管理者。初次见面，小林就被他的绅士风度和儒雅外表所吸引。之后，小林经常去那家小酒馆，与小刘逐渐熟悉起来。几个月后，他们正式成了男女朋友。

正值热恋期间，小林的父母得知此事后，以坚决的态度告诉女儿，不允许她与小刘来往，更不会答应他们的婚事。

但爱情来临时，人们往往会表现出无比的勇气。小林选择了与父母断绝联系，并与小刘一起回到了他的家乡。

小林用自己所有的积蓄与小刘一起在当地开了一家小酒馆。起初，他们共同经营，夫妻之间甜蜜又浪漫。然而，后来受到新冠疫情的影响，加上小林怀孕，他们的生活面临了巨大的挑战。除了物质上的压力，小林还要应对与婆婆的矛盾。由于饮食习惯不同，矛盾常常发生。而每当发生争执时，小刘往往选择保持沉默或站在婆婆一边。小林的孕期过得并不舒适，几个月后，她生下了一个女儿，产后又陷入了严重的抑郁。

画像三：一份门当户对的体面

画像剧本：

她因家人的催婚，谈过几段恋爱，但不是家人不同意结婚，就是她高估了自己在对方心中的地位，情感之路一直不顺。在家人的安排下，她与门当户对的男方结为连理。按照她父母的说法，他们家境相当，又彼此了解，这样的婚姻会为她的未来提供一定的保障，父母也能放心了。

婚后，他们在情感上并没有太多的交流。虽然只是维持着表面上的模范夫妻形象，但他们彼此还算相敬如宾。在没有过多要求的情况下，他们的生活过得平淡而稳定。

角色特点：

双方拥有相似的家庭背景和观念，这种相似性为他们提供了一种熟悉感，使他们对家庭价值观念、社会期望等有着相对一致的认知。这种相似性使他们能够在外部压力下较好地团结在一起。

相处模式：

由于两人婚前有相似的家庭背景，他们的相处模式更倾向于稳定和传统。相较于激情澎湃的爱情，他们更注重家庭的和谐。他们可能会将更多的时间用于履行各自的社会责任，而不是过多追求个人情感的表达。他们的沟通相对理性，以实际问题为导向，但缺少对浪漫和情感的表达。

画像解读：

为了结婚而结婚，只是完成了社会观念中适当年龄的"必修课"。在感情中，如果彼此没有过多的要求，那么生活会相对稳定。但由于最初缺乏感情基础，婚后深层次的情感交流可能会较少。当然，并非所有相亲结婚的夫妻都如此，有些人在婚后也可以慢慢培养出爱情。只要夫妻用心经营，幸福指数也会达到各自的期望。

二人的婚姻建立在家庭和社会的期望之上，因此缺乏激情的成分。尽管生活平淡，但相对稳定。他们可能更注重家庭的和谐和责任的履行，而不是个人情感的追求。这样的婚姻稳定性较高。只要夫妻相互尊重，且没有出现大的变故或第三者的干扰，二人很可能会一直相敬如宾，共度一生。

画像故事

三十二岁的小文一直专注于事业，是一个很有想法的人，只是对感情比较淡漠。父母为她安排了一门亲事，男方与她门当户对，能力与财力相当。为了让父母开心、放心，再加上小文对感情一直比较淡然，她就同意了这门亲事。在盛大的婚礼上，二人成为众人口中的"强强联合"。为了维持这份体面，他们婚后保持着相对稳定和礼貌的关系。

小文一直追求高层次的精神滋养，于是她和丈夫进行了一次深夜长谈。丈夫起初有些惊讶，但后来双方达成了共识，决定尝试培养感情，如果行不通，就结束婚姻，各自寻找真爱。

画像四：一段青梅竹马的浪漫

画像剧本：

她与他从小一起长大，青梅竹马，彼此默契。尽管他们不在同一所学校、同一个单位，但只要是她的事，他都会尽力去帮忙。社会是人生的磨炼场，他们两人共同经历着彼此的成长，互相扶持着度过了人生的起起伏伏，对彼此的性格、喜好了如指掌。爱情从青涩到成熟，最终找到了婚姻这个最佳归宿。因为彼此了解，他们在婚后的生活中更多了一份默契。

角色特点：

双方彼此了解，对对方有着较高的包容性，并且生活中也经常有一些浪漫的时刻。然而，他们也不可避免地会遇到一些摩擦。有时候，由于彼此过于熟悉，再加上婚姻关系的常态化，使得彼此之间缺乏新鲜感，更容易忽视对方的感受，进而导致矛盾的产生。

相处模式：

他们的相处模式充满了浪漫与默契。彼此间非常了解，使沟通更加顺畅。只是很多矛盾的出现，就是因为太过熟悉。彼此间的了解、认知若出现没有言明的偏差，就会成为矛盾点。彼此能积极沟通倒好，若选择沉默或是一方主动，另一方逃避，日积月累，他们的心理距离将会越来越大，幸福感也会不断地下降。

画像解读：

两个人过于熟悉，就会形成一种相处习惯，习惯又会变成自然。这组画像的代表是那些在婚前就有多年相处经验的夫妻。他们不一定是从青春时期就开始恋爱，但都已经存在于彼此的生活中很长时间，属于那种日久生情的类型。他们之间的感情相对细腻，因为彼此曾在对方的成长过程中扮演重要角色，所以婚后的精神满足感较高。在生活中，他们更能理解对方的需求，尽管可能会遇到一些磕磕绊绊，但仍然具备长久幸福的潜力。

然而，过于熟悉也会导致疲劳感。有时候，因为太过熟悉，所以可能会在精神上或生活细节上忽视对方。如果双方不能及时进行正向的表达和沟通，一些小矛盾就会在日积月累中成为婚姻关系中的大问题。

画像故事

小茵和文浩就像童话中的青梅竹马一般，自儿时起便彼此熟悉，并且共同走过了童年的欢笑与青涩的心动时光。在共同奋斗的岁月中，他们建立了深厚的友谊，而这段友情渐渐演化成了一段动人的爱情故事。

在一个温暖的夏日傍晚，文浩决定邀请小茵一起品尝她喜欢的烧烤。坐在灯光柔和的露天餐厅里，他们谈笑风生。在夜色中，文浩忍不住说出了让小茵心动的宣言："以后我们不做朋友了，要做就做夫妻。"这句简单而深情的表白改变了二人之间的关系。

那天的深夜长谈，使小茵和文浩更深入地了解了彼此的内心世界。他们共同决定，不再只做朋友，而要携手迎接更深层次的幸福。这一步如同一场美妙的舞蹈，两颗心在节奏中跳动，迎来了新的开始。

他们结婚时，婚礼现场用许多见证他们一起走过特殊时刻的"物证"装扮着。小茵和文浩是他们这一群朋友中唯一一对把小时候的"过家家"变成现实的人。这场婚礼不仅是一个仪式，更是对青梅竹马美好岁月的延续。婚礼现场的每一处装饰都体现着他们共同走过的痕迹，仿佛是时光的画轴，展现着岁月的风景。

在生活的起伏中，小茵和文浩保持着浪漫而深厚的感情。他们共同经历生活的喜怒哀乐，一起品味成长的甘苦。

尽管岁月悠长，但他们的幸福指数依然保持在较高的水平。他们懂得珍惜彼此，并共同创造幸福的点滴。

画像五：一股从校服到婚纱的真挚

画像剧本：

一到毕业季，便是几多欢喜几多愁。她与他说好大学毕业不分手。他们一起找工作，一起租房子，一起为了赚人生的第一桶金而努力拼搏。终于，他们在这个城市站住了脚，带着那份充满汗水味的喜悦，携手走进婚姻。

角色特点：

他们拥有契合的认知、真挚的情感，这些使他们更加团结。他们追求精神与物质同步，喜欢无障碍的心神相通。他们互相信任，并认为能一直幸福下去。

相处模式：

学校里的情感大多较单纯，这也为他们的相处增加了黏度，婚后的相处模式相对真挚。在分开的那段时间，他们通过每天通话和写信保持着感情的温度。而当他们步入婚姻后，这种真挚的相处模式更显珍贵。在遇到生活琐事时，他们大多数的时间都能表现出对对方的真诚关怀。

画像解读：

这一画像以校服为起点，以婚纱为终点，通过真挚情感串联，展现了两个人从青涩校园时期到成熟婚姻生活中的感情变迁。如果两个人能够在婚姻中继续保持这种真挚和包容，他们的幸福指数就会相对较高。这种真挚情感是他们婚姻中最为重要的支撑。当然，也需要双方在婚姻中共同成长，解决生活中的问题。社会比学校更为复杂，一个人的人格也会得到更全面的展现。最初的真挚能成为彼此信任的坚强后盾。只要用心经营，那么这份真挚就会成为双方人生中最重要的遗产，完整而珍贵。若在生活的历练中，彼此的"三观"无法相融，那么这份真挚将会成为彼此最大的遗憾。

画像故事

阳光明媚的校园里，有一对青涩的情侣，小雪和小飞，他们在大二就开始了甜蜜的校园爱情。

初遇时，小雪是一个害羞、文静的女生，而小飞则是一个活泼、阳光的男生。他们是同桌，每天在课堂上分享着彼此的笑声和梦想。他们在一起的每一天都如同一首校园歌谣，清新而美好。

　　然而，毕业前的那场告别让周围的同学都认为他们会分手。小雪的闺蜜小婷开玩笑说："毕业后没在一起也不要太难过哦，反正学校里的爱情大多是修不成正果的。"但是，小雪和小飞心里明白，他们的感情不仅是校园里的一段青涩恋情。

　　离开了校园，生活开始对他们进行考验。小飞迎来了职场的挑战，而小雪则继续投入了繁忙的学业中。分隔两地，他们开始经历相思之苦。但是，每当难过的时候，小雪就会翻出他们二人穿着校服的合照，那里有他们最纯真的笑容。

　　岁月在他们脸上刻下深深的痕迹，但是心灵却愈发相通。小飞在每一个周末都会飞到小雪的城市，两人就像当初一样漫步在熟悉的街道上。

　　终于有一天，小飞在晴朗的天空下单膝跪地，取出了一枚戒指："小雪，我们一路走来，经历了那么多，你愿意和我携手走进婚姻的殿堂吗？"小雪眼含泪光，看着眼前这个曾经陪伴自己走过青涩岁月的人，微笑着点了点头。

　　婚礼的那一天，小雪穿上了洁白的婚纱，小飞则一身西装。他们再次回到了初识的校园，重新走过了相识的教学楼、球场。这份从校服到婚纱的真挚，如同一段旋律，在岁月的流转中奏响。

在他们的婚礼上，小婷看着幸福的小雪说："真没想到你们真的走到了一起，感情果然不是那么容易被击败的。"小雪笑着回应："我们所拥有的不仅是一场青涩的校园爱情，更是一份用心经营的真挚感情。"

结婚的当晚，小雪对小飞说："我们一定要这样幸福下去，好吗？"小飞说："一定会的。"

"那你会一直是你吗？"小雪说。

"会！"小飞答道。

"只要我们一直还是当初的我们，就一定能经受得住所有的考验。"

时隔多年，他们已有一儿一女。承诺还在，只是已少了许多的激情。

画像六：一见钟情的闪婚冲动

画像剧本：

她与他一见钟情。只是一眼，便决定了一生，激情迸发下，他们闪婚了。他们的爱情如电光石火，炙热而强烈。

角色特点：

他们大多数相信直觉，感性、风风火火、喜欢冒险，并且追求新鲜感与刺激，常常特立独行，也比较浪漫。

相处模式：

这类画像中的大多数人在激情未褪去时热烈而浪漫。在激情退去后，容易出现两种极端情况，要么继续坚定地认为自己找对了人，要么理性质疑，思考着他们在生活中的差异，例如生活习惯、职业压力等。这些差异在初期的冲动中被忽略，但随着相处的深入，这些差异日渐显露出来。他们需要调整相处模式，以适应对方的生活方式。

画像解读：

一见钟情并闪婚可能有各种原因。比如，其中一方或是双方错过了曾经的爱人，或是来自家人及社会的某种压力，促使他们需要快速完成婚姻的"大课题"；有的人纯粹因为见到那个"对的人"，就像被爱神击中了一样；有的人想逃离目前的生活模式，想换一种生活方式；有的人比较被动，另一方表白后，便会促使自己做出"我愿意"的决定。这一组画像的幸福指数会取决于两人是否能够理解并接受对方与自己的差异。如果两人能够通过沟通和相互包容逐渐适应对方，那么这段冲动的婚姻就有望迎来更持久的幸福。反之，结局或许就是不欢而散。

画像故事

丽丽和亮亮，一个是护士，一个是程序员，他们是那种平凡到不能再平凡的上班族。他们的故事开始于一个平凡的午后。

一天，丽丽在医院的走廊里碰到了一个骨折的患者。亮亮正好路过，看到了这一幕。他立刻伸出援手，微笑着说："看起来你需要点帮助。"丽丽眼前一亮，看着面前帅气的援助者心中涌起了一种莫名的感动。

在随后的几天，两人频繁地在医院相遇，开始了轻松的交流。亮亮为丽丽送上了一束鲜花，丽丽则用一颗巧克力回报。他们渐渐发现，原来彼此的兴趣爱好如此契合，仿佛是天生一对。

不到十天的时间，亮亮突然向丽丽表白："我知道这样说可能太急了，但是我真的觉得我们很合适。你愿意嫁给我吗？"丽丽一时愣住，然后脸上绽放出灿烂的笑容："我也觉得我们很合适，我愿意。"

于是，两人闪婚了。这让周围的朋友都感到有些匪夷所思。然而，丽丽和亮亮却觉得这是他们最正确的决定。

婚后，两人开始了平凡而充实的生活。亮亮每天都为丽丽准备饭菜，丽丽在亮亮加班时总会为他送上一杯咖啡。虽然他们是闪婚，但相处下来，发现对方就是自己生命中最重要的那个人。

他们在短时间内建立了一个温馨的小家，一起体验了人生中的各种喜怒哀乐。在日复一日的平凡中，他们发现彼此的陪伴才是最温暖的力量。

这是一对因一见钟情而闪婚的夫妇，他们在平凡中找到了幸福。有人说，一见钟情是冲动，但有时候，冲动也是最美丽的决定。在这个充满奇迹的世界里，丽丽和亮亮的爱情故事就是一个小小的奇迹。

六个故事、六种画像、六种不同的人生。婚姻的真谛，到底是什么呢？

交给你来回答：_____

第二节
SECTION 2

置之"坟墓"，也可以美好重生

从亲昵到冷漠，四个技巧重建自我

婚姻中的冷暴力

什么是冷暴力？

它是指一方通过情感控制、心理恐吓、沉默、忽视等非物理形式的行为来伤害另一方的心理健康的行为。与肢体暴力不同，冷暴力主要通过情感和心理层面的手段实施，其目的是伤害对方的自尊且剥夺对方的权利。

以下是几道测试题，可以帮助你评估自己近期是否遭遇了冷暴力。请在以下问题中选择最符合你近期情况的答案。

1. 你是否感到在家中被忽视或被疏远？

   A. 是，经常感到被忽视或被疏远

   B. 有时会感到被忽视或被疏远

   C. 不，我从没有感受到被忽视或被疏远

2. 你是否经历过言语上的侮辱或威胁？

   A. 是，经常受到言语上的侮辱或威胁

   B. 有时会受到言语上的侮辱或威胁

   C. 不，我并没有受到过言语上的侮辱或威胁

3. 你是否感到自己的观点和感受被无视或被贬低？

   A. 是，我经常感到自己的观点和感受被无视或被贬低

   B. 有时会感到自己的观点和感受被无视或被贬低

   C. 不，我并没有感受到自己的观点和感受被无视或被贬低

4. 你是否经历过家庭成员对你进行控制或限制你的自由？

   A. 是，我经常受到家庭成员的控制或限制

   B. 有时会受到家庭成员的控制或限制

   C. 不，我并没有受到过家庭成员对我的控制或限制

5. 你是否曾经因家庭成员的行为而感到恐惧？

   A. 是，我经常因家庭成员的行为而感到恐惧

   B. 有时会因家庭成员的行为而感到恐惧

   C. 不，我并没有因家庭成员的行为而感到恐惧

以上问题，如果你有三个以上的答案选择 A，那么你可能正在遭受冷暴力所带来的伤害。亲密关系中冷暴力的具体行为表现如表 2-1 所示。

表 2-1　亲密关系中冷暴力的具体行为表现

表现行为	具体行动
言语攻击	贬低、嘲笑、挖苦对方，或恶言相向，伤害对方的自尊心
沉默与忽视	故意不理会对方，不回应对方的言语或行为，使对方感到被忽视和被孤立
控制行为	实施过分监控、限制自由、干预日常决策等行为，以达到使对方顺从的目的
否认感受	对方表达情感或需求时，以冷漠或否认的态度回应，让对方感到自己的感受被忽视
威胁与恐吓	使用威胁性的言辞、姿态，使对方产生恐惧感
操控和胁迫	通过操纵、欺骗、胁迫来影响对方的决策，使其按照控制者的期望行动
社交控制	限制对方的社交活动，阻止其与他人建立联系，使其更加依赖控制者
经济控制	控制家庭财务，使对方无法独立进行经济决策

在亲密关系中遭受冷暴力可能会对女性的心理产生多种典型的影响，其中有一些可能会导致心理疾病的产生。以下是一些主要影响及可能产生的心理疾病。

（1）**降低自尊和自信心**：持续贬低、批评和否定女性的价值和能力会降低她们的自尊和自信，从而增加焦虑和抑郁的风险。

（2）**焦虑和恐惧**：对家庭成员的恐惧可能会导致焦虑障碍的发展，尤其是对于那些经历过被恐吓、威胁或控制的女性。

（3）**抑郁和情绪问题**：长期遭受冷暴力可能会使女性感到无助、沮丧和绝望，从而增加患抑郁症的风险。

（4）**创伤后应激障碍（PTSD）**：经历过家庭冷暴力的女性可能会因持续的恐惧和创伤而出现创伤后应激障碍，包括持续性地回忆、做噩梦、警觉性增强和情感麻木等。

（5）**人格障碍**：持续遭受冷暴力可能会影响个体的人格发展，包括出现边缘型、依赖型或回避型人格障碍等。

（6）**依赖和自我认同问题**：冷暴力可能导致女性过度依赖施暴者，同时失去了自我认同感和独立性。

（7）**关系问题**：受到冷暴力影响的女性可能会在其他关系中出现困难，包括难以建立亲密关系、难以产生信任和情绪调节困难等。

（8）**物质滥用问题**：有些女性可能会通过滥用药物或酒精来应对冷暴力所带来的痛苦，从而增加了健康风险。

这些心理影响可能会相互作用，并且可能因个体的性格、处境和应对方式而有所不同。对于受到冷暴力影响的女性来说，重要的是及早寻求专业支持和帮助，以减轻心理压力并恢复心理健康。

米红是一位南方姑娘，曾经与丈夫如胶似漆。初遇时的甜蜜和激情，仿佛让他们沉浸在幸福的泡泡里。他们排除万难走到一起，结婚时，男方父母给他们付了房子的首付，让小两口在城里有个自己的小家，也算有份安全感。

夫妻俩为了省钱，婚礼也是能省就省。婚后头几年，两人还算和谐，但自从有了孩子后，他们最初的甜蜜被孩子与工作中的琐事渐渐侵蚀。丈夫为工作日夜奔波，为了更好的未来，他总是选择加班。而为了拥有更好的生活，米红则默默地承担着家庭与孩子的琐事。日子一天天过去，他们的对话变得越来越少，除了一些生活琐事，他们再也无法找到共同的话题。

米红逐渐察觉到丈夫的变化，但是她也沉浸在自己的世界里。与其说沉浸在自己的世界里，倒不如说她在"赌气"，她在"自伤"。在与丈夫的冷战中，她不想输。她开始抱怨丈夫不关心她，丈夫也觉得米红不理解自己的辛苦。误会慢慢积累，越积越深，深到让两人之间的距离越来越远。

随后的几年，他们之间的关系变得越来越冷淡。丈夫在办公室里为工作烦心，而米红在家为家务、孩子及这段夫妻关系焦虑。每当要发生争执时，他们更多地选择了沉默。家庭中的亲密感早已烟消云散，取而代之的是一种陌生而沉寂的氛围。

米红哭着说，他们曾经发誓要一起走完一生，可现在，他们却在不知不觉间走上了两个相互平行且不相交的轨道。她说有时候，她都感觉丈夫已经背叛了自己，只是把家里当作睡觉的"旅馆"。

她说她说过、哭过、闹过，却发现他依旧不能懂得自己。据了解，她的闹，大多是她为了他付出了多少，他该珍惜她之类的抱怨，或是想控制着丈夫，希望他能按自己的意愿去做。而丈夫几乎以沉默回之。

时间久了，她也就冷下来了，慢慢地，彼此更加冷漠。一次她约我谈心，下面是我们的部分谈话。

她：张老师，我现在是不是只能离婚？

我：你想离婚？

她：不离的话，就一直是这样死气沉沉的样子，家里冷冰冰的，我们几乎零交流。

我：如果离婚了，你身心都会比现在轻松？

她：好像是，但又好像不是。

我：那你还有别的什么顾虑吗？

她：女儿还小，还有……我不希望父母知道。

我：你还爱你的丈夫吗？或者说你恨他什么？

她：我不确定还有没有爱，但我心中一直憋着一口气。恨，当然恨，恨他为什么要这样对待我，为什么每次我怎么闹他都回避？

我：你对他有什么期待？

她：我希望他对此有个说法。

沟通的最后，她泣不成声。我想她是压抑得太久了。

冷暴力，是亲密关系中最具有杀伤力的"毒剑"之一。女性长期处在冷暴力中，会产生无力感与无价值感，极易失去自我。

案例中的米红就是受到了丈夫施加的冷暴力，她既是受暴者，又是施暴者。她希望丈夫能理解与关注她，但她没有想到丈夫也希望她能理解与尊重自己。夫妻间出现了交流不畅的问题，需要换位思考，两个人需要先统一"频道"。就好像妻子喜欢美食节目，而丈夫热爱体育节目，丈夫说妻子看的美食节目俗不可耐，而妻子也认为丈夫看的体育节目无趣至极。如此，只站在自己的角度思考问题，那么每一次沟通只会不欢而散。

长期处在家庭冷暴力的环境下，女性会慢慢产生以下几种认知。

（1）我就是要赢（我好，他不好）："我为他付出了这么多，他怎么可以这般待我"。在这场"战役"中，她是一定要赢的，只有另一方认可了她的一切，在她的世界低头，她才会有"胜利"感。这是人的"儿童意识形态"，也是一种最原始的自我意识形态，处在这一形态中的人会觉得越来越不公平，也会一直寻求公平，这种公平是在她的世界里不可或缺的。

（2）我好自卑（我不好，他好）："是因为我现在身材走样了吗？是因为我现在老了吗？是因为我不够好，所以他不再像以前那样爱我了吗？原来，我什么都不是。只怪当初太天真，还一直为他省钱。早知道这样，当初就不做'贤妻'了，至少不会让自己伤得这么深。这都是命，人就该认命"。有这种意识的人，觉得因为自己不够好，自身条件不足，所以引起不了另一方的注意。认为是自己不好，才被对方嫌弃。有这样想法的人，在夫妻关系中会越来越卑微，只会顺从与讨好，或默认另一方的冷暴力，从此郁郁寡欢。

（3）了无生趣，极度消极，但又不去解决问题（我不好，他也不好）："我觉得我嫁给他简直就是一个错误，我没有那个本事，让他一直待我如初，他也没有当初那么好，能从一而终。反正，既然有了孩子，就凑合着过日子吧。以后，就当彼此是空气，等孩子大了，就各过各的。"有这种想法的人，不离婚不是因为相爱，而是为了脸面或是"看在孩子的份上"。名存实亡的婚姻只会让女人更加焦虑与无助，心灵的枯竭会让她活得特别累。

米红就处在第一种认知的状态。她觉得自己为了丈夫牺牲了很多，凭什么对方要如此待她。这一切除了对方变心，或是"窝囊"地逃避，没有第三种解释。

婚姻中的问题并没有绝对的对与错。我们走进婚姻之城，或是因为爱，或是因为安全感。每一个踏进这座城的人都希望付出能够被认可，行为能够被理解，身心感受能够被重视。

四个技巧重建自我

有时候，身处婚姻冷漠漩涡中的女性往往难以清楚地认识自己的需求。无论她们内心的认知属于哪一类，都不能算真正地关爱自己。以下是四个技巧，可以帮助那些身处婚姻冷暴力中的女性重新找回自我。

1. 接受自己的感受和经历

首先，女性需要接受自己的感受和情绪，包括愤怒、恐惧、悲伤等。这意味着不再否认或压抑自己的情绪，而是允许自己感受到这些情绪，并且理解这些情绪是正常的反应。

小练习1：

对自己说：

我接受现在的自己，接受我现在所拥有的与未拥有的一切，我也感恩发生在我身上的一切，无论是好的还是不好的。我无条件地接纳自己此时此刻拥有的各种情绪，悲伤、无助、失望、难过等。这一切都不是我的错，这些情绪都是正常的，我全然地接纳自己。

小练习2：

准备一张纸或是手机备忘录，在纸上写下此时此刻你所有的感受，然后针对这些感受，问自己两个"为什么"。

比如，我现在感到很难过。

"为什么你现在感到很难过？"

"因为我感觉他不再像以前一样重视我。"

"为什么你感觉他不再像以前一样重视你？"

"因为他现在都不会像以前那般愿意与我交流？"

每一个情绪，均可用 2W 法（两个"为什么"），帮助自己整理出最近焦虑的具体事件。

小练习 3：

专注当下：不要被过去的问题和未来的担忧所困扰，尝试专注于当下，享受眼前的美好。此时，你可以合上书，用手触碰书的封面，感受纸张的材质。

现在，可以去打开窗户，感受风吹过头发的感觉。

可以倒一杯水，用手去感受盛着水的水杯的温度。

可以闭上眼睛，深深地用鼻子吸气，然后用嘴巴呼气，让所有的焦虑感随着嘴巴呼出，感受那些焦虑从你的身体排出。

可以咀嚼一款你爱吃的食物，慢慢地让它在口腔里与牙齿和舌头触碰，并细品它的美味。

可以让你专注于当下的事还有很多，比如，打扫卫生时，只打扫卫生，而不让大脑想着别的什么事，更不是带着某种失落感和焦虑感。这个技巧意在让你专注于当下。当下经营得如何会决定你的明天如何。

2. 寻求外援

寻求专业心理咨询或参加支持小组可以为女性提供情感支持和指导，帮助她们厘清思绪，找到解决问题的方法。此外，与亲朋好友分享经历也可以提供情感上的支持和理解。

特别提醒，当与亲朋好友分享时，你可以告诉他们，你想得到他们哪方面的支持，是倾听共情，还是给予一些建议。前者需要找信任度高且具有一定倾听能力的人，后者则需要找能客观分析问题的人，并且他们的建议也仅供参考，最终决定权在你手中。

夫妻双方都需要直接面对与解决问题。每一次的误会就像脓包一样，如不加以治疗，可能会越来越严重。就算能自愈，除了较长的时间代价，还可能会产生"疤痕"。随着时间的叠加，若夫妻间的情感不够深，那这些"疤痕"会变成构成情感隔阂之墙的砖块。时间越久，这堵墙就会越牢固。因此，彼此需试着开启一场坦诚的对话，分享感受，告诉对方需求和期望。

沟通是解决问题的第一步，也是理解对方的必要途径。切勿用评判与抱怨的口吻历数对方的"错"，而应把重点放在表达"我的感受"上。用"我感觉"而非"你总是"来表达，这样做能够减少对方的防御心理。

3. 重新建立独立性和自信心

女性需要逐步重建自己的独立性和自信心。这可能包括重新培养自己的兴趣爱好，学习新的技能或知识，参加社交活动。

我们要学会自我关注：停下来，聆听自己内心的声音。找一个属于你自己的时间，去做一些你热爱的事情，重新了解自己的兴趣和激情，这能帮助你培养自己的独立性。可以想想自己的兴趣爱好，特别是在没有结婚前的一些兴趣爱好。如果没有婚姻的"枷锁"，你会做哪些自己喜爱的事？即使你现在是一位全职妈妈，也可以在固定的时间把孩子交给另一半，一个人去做一些自己想做的事，哪怕是喝一杯咖啡或是找个地方去发发呆。总之，找到自己一直想做又没有做，但又可以做的事，然后去完成它。好好地爱自己，听听自己内心的声音。

4. 设定健康的边界和自我保护机制

女性需要学会设定健康的边界，并且学会保护自己免受进一步的伤害。这意味着学会说"不"，拒绝不健康的关系或行为，并且学会寻求支持和获得保护自己的权利，表 2-2 可以帮助你找到自己的边界。

确立边界是很重要的。心理学中的边界感通常指的是一个人对自己和他人之间关系界限的判定。边界感太强或太模糊都不利于婚姻关系的和谐。边界感太强，个体可能会过度强调独立性，难以满足他人的需求；边界感太模糊，则可能导致难以区分自己的需求和他人的需求，容易过度介入他人的"课题"。在健康的关系中，边界感应该是灵活的，既能够在必要时保护自己的权益和需求，又能够接受适当的亲密和分享。夫妻关系更需要健康的情感边界，既要允许个体表达情感，又要避免过度影响对方。

表 2-2　婚姻中女性边界梳理表

边界领域	边界约定
个人空间边界	在时间和空间上都需与配偶沟通好自己的需求
财务边界	与配偶交流并约定好家庭收入与支出的具体原则，哪些由妻子负责，哪些由丈夫负责，哪些各自能自由支配等

边界领域	边界约定
家务边界	家是夫妻共同的家，需要双方用心经营。关于家务的分工与合作，也需有明确的约定
子女教育边界	子女教育相关的事宜，双方需约定好各自的职责，哪些由妻子承担，哪些由丈夫负责，哪些需要你们共同完成
情感边界	关于婚姻生活中双方与异性相处的边界约定。作为妻子，你可以告诉丈夫，在他与异性的交流与相处中，你能接受的底线是什么，如果越过了你的边界，那你会坚持自己的底线
其他（如遇婆媳矛盾时，你希望丈夫做什么，不做什么等）	这部分内容可以在夫妻生活中不断地完善，可以运用于发生的任何有分歧的问题上。每一次的分歧，其实都是你们互相深入沟通与了解的契机，若运用得当，你们的感情会越来越好

上述方法可以帮助女性逐步找回自我，并且拥有健康、独立和自主的生活。当然，这个过程可能需要时间，更需要努力和勇气。只有寻求帮助和采取积极的行动，女性同胞们才能逐渐摆脱冷暴力的阴影，重新建立自己的新生活。

是"洞穴"伤害，还是自伤？

"他让我不好过，我会让他更不好过。"陈太太愤怒地对我说。

陈太太 38 岁，陈先生 37 岁，8 年前两人相识，白手起家，共同创立了一家公司。正当两人事业蒸蒸日上时，陈太太怀孕了。

那一年陈太太 33 岁，他们在厦门还没有自己的房子。陈先生来自四川，陈太太是湖北人，两人都觉得在这个时候要孩子，是对孩子的不负责任。经双方协商，他们决定打掉这个孩子，等一两年后，能在厦门站住脚了再生。

经过两人的努力，公司的业务确实稳定了许多，两年后，他们终于有了属于自己的小窝。陈太太说，当时她住进新家时，抱着陈先生，眼泪一直流。他们觉得是时候要一个孩子了。

然而过了一年了，陈太太一直没能如愿，只得去医院检查。医生说是因为陈太太当前身体的原因，导致没有怀孕。因为这件事，陈太太一直很自责。陈先生倒没说什么，但就因为他没说什么，陈太太更加敏感。因此，他们常常吵架。

美国的婚姻教练莱特夫妇在他们的《如何正确吵架》一书中说吵架中的夫妻有三种类型，分别是攻击型、逃避型、建设型。

攻击型：大喊大叫，侮辱对方，争强好胜，试图掌握话语权并进行反击。

逃避型：疏远对方，沉默不语，转移话题，在讨论或争吵过程中走开或认输。

建设型：虽然愤怒但不忘展现幽默或同情，能认真倾听对方说话并尽力理解对方的想法，确认对方的观点，探寻自己的担忧并表达。

在陈太太家，陈太太是攻击型人，陈先生是逃避型人。他们每一次吵架都很难解决问题，几乎都是以歇斯底里或是冷漠收场。

我问陈太太："你有把你心中的疑问告诉过陈先生吗？你认为他是因为这件事而责怪你，而不是觉得对不起你、无法面对你，所以才逃避？"她说她没有问，也没必要问，因为他的言行说明了一切。

婚姻中，女性更易走进自己编织的"脑剧"中。如果彼此还想把日子过下去，那么对于过去的一些无法弥补的伤害，就需要积极地面对。面对时，不只是在自己的精神世界中说你想过这件事了，而是你需要知道对方真实的想法。若对方一直逃避，那可采取写留言条、写信等其他方式。毕竟那个伤害一直在那，不去努力主动让其愈合，伤得最深的终究是自己。

我给了陈太太如下建议。

（1）遵医嘱。只要医生给出的结论是好的就积极配合，消极的心态更会影响生理机能。

（2）与陈先生解开心结。针对医生的结论，向陈先生正面表达自己的感受与看法，并告诉陈先生，自己希望得到他针对这个结论的正面回应。

（3）重视承诺，该翻篇就翻篇。与陈先生解开心结后，以后所有的重点均在积极备孕上，过去的事，彼此约定，无论今后因何吵架，彼此都不翻旧账，让过去一直停在过去，不让曾经的负面情绪影响到未来可能的美好。

（4）调整自己的心态，每天与陈先生沟通的时候，积极的和消极的语句比例控制在6：1左右。

（5）每天觉察自己的情绪，当情绪出现波动时，不要压抑，更不要有过多的"心理戏"，无须强求对方道歉，因为对方不一定会愿意按自己心里所想的那般去做。尊重彼此的差异性也是对彼此最大的接纳，更是"放过"自己的重要方式。

（6）假想"第二者"在场。当两人有分歧时，可设想同一场景中有第三个人在场。成年人有一种特别能力，当"第三者"在场时，往往会偏理性一些，吵架时也会有所收敛。

冲动确实是魔鬼，当情绪有所收敛时，吵架的破坏性便会减弱。当情绪稳定时，彼此也将更易修复关系。

改变自己永远比改变对方更重要

案例："小鸟依人"愿望引发的矛盾

李太太与李先生是一对"女强男弱"的组合。李太太事业有成，拥有卓越的领导力和决策能力。与之相比，李先生则显得更加温和，也更倾向于在工作和生活中迁就他人。

起初，李太太以李先生的温和性格为傲，但一起生活久了，她更希望李先生工作能力更强，生活上更有担当，可以让她能"小鸟依人"。因此，在生活与工作中，她给对方提供了更多的建议与方法，想帮助李先生变得更加"成功"和"自信"。为此，她不惜花重金让李先生参加学习班，还介绍了很多的资源与人脉给他，她着实很用心。她说她感觉李先生让她操碎了心。然而，这些努力并没有带来预期的成效，反而给李先生带来了压力，让他对安排越来越抵触。随之而来的，是永远都吵不完的架。

李太太的焦虑情绪逐渐加重。她开始怀疑自己当初的选择，开始怀疑两人是否真的适合在一起。她感到自己的努力白费了，对未来的担忧也日益加深。同时，李先生对李太太的强势要求越来越反感，觉得自己在这段关系中失去了自我，无法得到真正的尊重和认可。

在咨询过程中，我帮助他们二人意识到彼此的价值观和需求的差异，以及彼此对关系的期待。我们一起探讨了如何建立更加平衡的沟通方式，以及如何接纳彼此的差异。逐渐地，他们开始学会尊重彼此的独立性和自主权，而不是试图改变对方。

最终，他们意识到，一段健康的关系建立在相互尊重、接纳和支持的基础上，而不是试图改变对方以满足自己的期待。通过咨询的帮助，他们二人学会了更好地理解彼此，并建立起了更加健康和稳固的夫妻关系。

对于婚姻中的"女强男弱"与"男强女弱"的情况，以及为了改变对方而引起的焦虑，我的看法是，每个人都要认真地对待自己与他人的"课题"。阿德勒的"课题分离"理论（详情请阅读本书的第四章）中说，每个人都有属于自己的"课题"，都有活成真实自我的权利，我们都不能对他人的

"课题"过多干涉。在任何关系中，我们都会将一些在原生家庭中未被满足的爱投射到他人身上，以便得到更多的爱与尊重。然而，无论哪种关系，在扮演任何角色之前，所有人首先是自己，然后才是其他身份。比如在健康的夫妻关系中，男女双方首先是他们自己，然后才是彼此的爱人。而一方想要改变另一方，或是角色从伴侣关系变成"父母""子女"的关系，均是关系不协调的前奏，也必将导致危机的发生。

改变自己永远比改变对方重要。为什么呢？

第一，因为我们只能控制自己的行为和反应，而无法控制他人的行为和反应。试图改变对方可能是一种控制欲的表现，时间久了，这种行为通常会引起对方的抵触和反抗，甚至伤害夫妻关系。在出现夫妻关系不协调时，如果我们专注于改变自己，由"向外求得"变成"向内探索"，关注我们自己的想法、态度和行为，并进行调整，就能从根本上适应和应对夫妻关系中的各种问题。

第二，通过改变自己，我们可以成为更好的人，并且可以通过积极的行为和态度影响配偶。当我们自己做出积极的改变时，配偶往往会被启发和激励，从而更容易接受并做出相应的改变。同时，改变自己也可以帮助我们更好地处理和应对可能出现的困难和挑战。

第三，在夫妻关系中，每个人都有责任和机会成长。我们每个人都存在一定的局限和缺点，改变自己意味着主动认识和改进自己的不足之处，并努力成为更好的自己。通过不断改变和成长，我们能够在夫妻关系中发挥更积极和健康的作用。

当另一半让你很不满意并且因此而引发焦虑时，你可以尝试采取以下行动。

（1）深入沟通：建立一个开放、诚实的对话环境。了解对方内心真实的需求和感受，共同找到解决问题的方法。沟通是理解的桥梁，有时候，危机源于双方对彼此期望的偏差。沟通时，在不评判的基础上多使用"我感到""我希望"开头，即"事件＋我……"句式的表达，比如："对于你现在在工作上的态度问题，我感到很失望。""刚去卫生间，我发现里面烟味很重，这让我感到很烦躁。""洗衣机里的衣服忘记晾了，我希望你回家后，能看看衣服晾了没有，如果没有晾，就晾一下"。"我不喜欢你下班后就倒在沙发上打游戏。"

（2）体谅对方：理解丈夫可能面临的压力和挑战，而不仅仅是观察到他的消极表现。体谅是情感沟通的前提，让他感受到你的支持而不是压力。尊重彼此的差异性，也允许彼此之间差异的存在。无论是强势的一方还是弱势的一方，都应该尊重对方的选择和个人特质。不要试图改变对方，而是要接受对方的不同之处。

（3）培养共同兴趣：找到共同的爱好或兴趣，建立夫妻间更深层次的情感纽带，这不仅能拉近彼此的距离，也能为婚姻带来更多的活力。可以各自写一张"自己喜欢做的事"的清单，或者是"二人世界时可以做的项目"的清单，然后把它张贴在家里固定的地方。

（4）赋予对方责任感：给予丈夫在家庭中的责任感，让他感受到他是家庭的一分子而不是被边缘化的存在。共同承担生活中的琐事，让他在家庭中找到存在的价值。也要说一些赞美与鼓励的话，有时，也可以把对方当成陌生人或是普通人，因为我们不会对陌生人和普通人提过分或苛刻的要求。

（5）寻求帮助：如果婚姻已经出现危机，可以考虑寻求专业的心理援助。专业咨询师可以帮助夫妻更好地理解对方，进行有效沟通，并重建亲密关系。

（6）重塑期望：审视自己对婚姻的期望是否过高，是否过于强调某种模式。调整对婚姻的预期，接受婚姻是一场共同成长的旅程，而非一个人的胜利舞台。

（7）关注个人成长：除了关注家庭，也要注重个人成长。发展自己的兴趣爱好，提升自身素养，让自己变得更加充实和独立。

（8）设定共同目标：设定夫妻共同的目标，让双方共同努力，这不仅有助于提升夫妻间的默契，也能激发丈夫的参与热情。

在婚姻中，改变他人是一项复杂而漫长的任务，而改变自己则是一个立竿见影的过程。通过自我反省和积极地调整，女性可以为婚姻带来新的活力，与另一半重塑关系，并实现家庭的和谐共荣。

一方事事操心，另一方不管不问

你是否在家里承担了大多数家务？

你近期有没有因烦琐的家务而情绪失控，比如发火，抱怨？

你是否在夫妻吵架时经常表达"我一天忙得要死，总是有忙不完的活儿"，却迎来丈夫的不屑目光或是冷漠表情？

你是否再怎么累，身边总有人说"没有男人赚钱累"？

你要操持家务、照顾孩子，还要顾老人的事务，已经忙得不可开交，却有人说你命好，嫁了个好男人，知道心疼人，赚钱回家，让你过上了安稳的日子。

你是否想过"若可以，真想与男人的角色换一换，让他也体会下处理生活琐事的滋味"？我们可以对照表 2-3，看看自己当下所处的状态与哪个例子更像。

表 2-3 事事操心与不管不问对照表

事事操心型	不管不问型
为了孩子有个好身体，每天比全家人早起一小时，给孩子准备早饭	睡到快上班迟到，慌忙起床，吃了早饭，碗筷不收，去上班
送完孩子，回家收拾卫生、洗衣服等，然后上班	
下班接孩子，与老师沟通孩子的表现情况，到家辅导孩子的作业，做饭，做家务等	下班回家，躺在沙发里打游戏，或是晚上与朋友聚餐等
孩子睡了，开始整理思绪，加班或是做其他事	
睡觉	喝多了，回来倒头就睡

婚姻生活中，无论哪一方都需要得到关心。一方的操劳固然是出自对家庭的爱，但如果成为一场无尽头的单方面付出，最终只会让关系恶化。在夫妻关系中，平衡付出和收获是维系幸福的关键。

夫妻间矛盾的导火索常常是一些小事。小事积累久了，

就会变成一件大事。**而让女性感到最崩溃的，不是那些事有多苦、多难，而是这些事的背后，伴侣冷漠的态度。**

我们常以为，爱一个人就要为对方做很多事。有时候，为对方做很多事，或是为家庭付出很多、承担很多，也并不是非要自己做，而是交给对方不放心，或是对方做的我们根本不满意，之后导致的恶性循环是我们越做越多，而对方则一副"事不关己"的态度。**事实上，从某种程度上讲，对方的"事不关己"，是我们"培养"出来的。**

比如，家务活中的拖地事项一直是由妻子完成的，丈夫会习惯性地认为，那就是妻子的事儿。慢慢"习以为常"就会变成"应该"。而当妻子一直抱怨这些"应该"的事，丈夫就会认为"莫名其妙""有多大点儿事儿""至于嘛"。

这样的思维模式会导致亲密关系的"错位"，即妻子借事件表达自己的不满，希望能得到对方的理解与关心。她要的是丈夫的"看见"与想要分担的态度，而丈夫则认为妻子因为"一点小事"就发牢骚，不愿意做就别做，没什么大不了的。丈夫只是针对当下的事给出判断。而妻子真正想要的并没有直接表达。他们处在沟通的"错位"上，即沟通与交流的信息皆不是彼此想表达的内容，从而出现了"错位代码"。

家务琐事是最能体现夫妻情感质量的载体。家务分工在夫妻关系中扮演着重要的角色，适当的分工能够减轻双方的负担，促进家庭和谐。以下是一些关于夫妻家务分工的方法。

（1）沟通与协商：夫妻之间应进行充分的沟通和协商，了解彼此的期望和需求。家务分工应该共同决策，而不是单方面安排。

（2）个人优势和兴趣：每个人都有擅长和喜欢的领域，夫妻双方可以根据各自的个人优势和兴趣来进行家务分工，这样既能够提高效率，又能够增加乐趣。

（3）确定责任清单：确定一份家务责任清单，包括每个人的任务和时间安排。这样可以避免因为责任不明确而引发的矛盾。

（4）周期性的评估与调整：定期回顾家务分工的效果，看是否需要进行调整。生活中的变化可能会导致原先的分工方式不再适用，及时调整才能够维持平衡。

（5）灵活性：在实际生活中，难免会有突发情况发生，夫妻双方应该共同协作应对。夫妻之间应该保持灵活，理解对方，共同应对生活中的变化。

（6）共同参与：家务不应该被视为一方的责任，而是夫妻与孩子共同的责任。共同承担家务有助于增强夫妻之间的团队协作能力，也能够培养孩子的家务意识。

（7）互相支持与表扬：在家务分工中，夫妻之间需要互相支持和理解，适当的表扬和鼓励可以增加对方的幸福感，使家庭更加和谐。

（8）专业外援：在条件允许的情况下，可以考虑聘请专业的家政服务，从外部获得帮助。这能够减轻夫妻的负担，使他们有更多的时间和精力关注彼此的感情。

总体来说，夫妻的家务分工方式应建立在尊重、理解和合作的基础之上。夫妻双方应该共同努力，形成适合双方的分工模式，这有助于维系良好的婚姻关系，具体的分工方式可参考表2-4。

表2-4　家庭家务分工表

家务清单	丈夫	妻子	孩子	外援
拖地、卫生类				
家庭各空间的物品整理				
做饭				
洗碗				
接送孩子				
辅导作业				

续表

家务清单	丈夫	妻子	孩子	外援
家校沟通				
社交应酬（有客到访等）				
其他				

享受孤独是婚姻焦虑中的一剂良方

"孤独"这个词通常带有负面色彩，被视为一种消极的情绪。然而，当我们学会享受孤独时，它可以成为缓解婚姻焦虑的一剂良方。

在婚姻关系中，很多女性的焦虑源于过于依恋对方，总想得到对方更多的关注，或是能多一些互动。以下有 7 个现象，如果你的答案中有 4 个以上的"是"，那么你在关系中属于依恋者。

当你感到焦虑时，你是否希望伴侣与你更亲密？

你是否希望他毫无保留地表达自己的感受？

当伴侣想要独处时，你是否感到被抛弃？

当伴侣想要保持距离时，你是否会更加紧迫地靠近对方，或者觉得伴侣变心了？

你是否常给自己贴上否定意味的标签，比如"太依赖他人"或"太挑剔"？

你是否倾向于用否定的话语去评判伴侣？

当你感到焦虑时，你是否会带着紧迫感或激烈的情绪靠近对方？

如果你是依恋者，那么你焦虑的根本原因可能是依恋心理没有得到满足。那么一个有效的解决办法就是要学会享受孤独。

案例：从围着丈夫转到找回自我的转变

李女士，35岁，已婚，有两个孩子。她非常焦虑且压力极大。她觉得自己被家庭琐事和工作压得喘不过气来，同时对于婚姻的未来充满了不安和担忧。她希望她与丈夫是无话不谈的，也想时刻知道丈夫在做什么，闲暇时间希望都能与丈夫在一起。自结婚以来，除了丈夫，她几乎没有什么朋友。她的一切也都是围着丈夫转的。

然而丈夫的工作性质是需要与很多人打交道的，社交能力也不错。工作的忙碌，让丈夫对她的依恋行为越来越反感，最终双方处在了疏离的状态。为此她感到很受伤，对自己的评价也更负面，并且越来越没有自信。

她觉得自己失去了自我，整个生活糟糕透了。

在心理咨询过程中，我向李女士提出了尝试学习并享受孤独的建议。我鼓励她每天抽出一些时间，独自做她喜欢的事情，无论是阅读、绘画还是散步。起初，李女士觉得很难接受这个建议，因为她觉得自己已经没有时间去做这些事情了，也非常害怕做这些事。然而，我坚持鼓励她去尝试，并帮助她制订了一个简单的计划。

随着时间的推移，李女士逐渐发现，独处的时光让她的内心更加平静和放松。她重新找回了自我，并开始重新审视自己的需求和欲望。她发现，当她学会享受孤独时，她对于婚姻和家庭的焦虑也逐渐减轻了。

学习孤独与享受孤独的小清单

1.每周至少安排30分钟的个人时间，专注于自己喜欢的活动，如阅读、绘画或写作等。

2.确定目标清单。每天设定一个小目标并享受完成它的过程，不必过度关注结果。

3.尝试练习瑜伽或冥想，帮助放松身心，并享受内心宁静。

4. 尝试学习新的技能或爱好，如学习新语言、乐器、烹饪或摄影。

5. 每天抽出一段时间独自散步，欣赏大自然的美丽，并思考内心的想法和感受（哪怕只是在小区或公园里走走）。

6. 阅读心灵成长类的书或其他类自己喜欢的书，汲取智慧和启发。

7. 安排一次美丽计划，如做 SPA[1]、做美容护理或换发型，享受变美的过程。

8. 参加社交团体或兴趣小组，结识志同道合的新朋友，但拥有独立的空间。

9. 尝试独自旅行，探索新的地方，开阔眼界，并享受独自冒险的乐趣。

10. 专为自己做一次饭，独自享受一个人的、带有仪式感的美食时光。

11. 每天写感恩或自我肯定的话语，保持积极心态。

---

[1] SPA 一词源于拉丁文"Solus（健康）Par（在）Agula（水中）"（Health by water）的字首，意指用水来达到健康状态，健康之水。具体指利用水资源结合沐浴、按摩、涂抹保养品和香熏来促进健康的活动。——编者注

12. 安排放松的沐浴时间，泡个热水澡，舒缓压力。

13. 试着进行深呼吸和身体放松的练习，帮助缓解焦虑和压力。

14. 尝试写日记或心情记录，记录每天的感受和想法。

15. 安排电影之夜，观看自己喜爱的电影或纪录片，享受宁静时刻。

16. 参加户外活动，与大自然亲近，感受生命的美好。

17. 给自己创造一个"无手机时间"。

18. 每周安排自我关爱时间，可以做美甲、睡到自然醒或者尝试其他活动，重视身体内在与外在的形象管理。

19. 给自己留出一个发呆的时间，可以什么都不做，可以一个人静坐，也可以观看窗外的风景。

20. 每天花点时间自我反思，了解内心需求，以更好地剖析自己。

21. 尝试给自己一个人品茶或是喝咖啡的时间。

22. 每个月找一天时间给自己的身心放个假。

总之，女性要学会倾听自己内心的声音，不要过分关注外部的期待和压力。独处的时光可以帮助我们重新审视和调整自己对于婚姻的态度。当我们远离外界的干扰，静心倾听内心时，往往会发现许多问题并不像我们想象的那样复杂，我们可以更加客观地看待亲密关系中的问题，并寻找解决问题的方法。当然，享受孤独并不意味着与他人完全隔离。相反，它是建立健康的亲密关系的重要基础。当学会独处时，我们就更能与伴侣建立积极的关系，而不是依靠对方来填补内心的空虚，从而缓解婚姻关系中的各种焦虑。

一个技巧解决"不速之客"的烦恼

亲爱的张老师：

您好！

我想与您分享一些近来困扰我的事情。我与丈夫已经结婚十年了，曾经是一对幸福美满的夫妻。然而，最近我发现了一些令我感到困扰的情况。我发现我的丈夫似乎对一位女同事表现出了过于亲密的态度。他频繁提及她，我们一起时他也总是提到她的事情。起初，我以为这只是同事之间的正常交流，但渐渐地，我开始感觉不太对劲了。

上周，我在他的手机里发现了一些让我感到震惊的对话记录。他们之间的聊天充满了暧昧，我感到了受伤和背叛，因为我从未想过我们的婚姻会遇到这样的问题。

我试图与丈夫沟通，告诉他我对他和那个女同事之间的关系感到不安。但他总是试图淡化这种情况，说他们只是普通的朋友，没有什么不正常的地方。然而，我内心深处却感受到了他和她之间的情感交流已经超出了正常的范围。

我感到非常困惑和痛苦，我不知道该如何处理这种情况。我不想轻易放弃我们的婚姻，但我也无法忍受他与另一个女人之间的暧昧关系。我感到自己陷入了一个无法摆脱的困境中，不知道该怎么办才好。

期待您的指导和建议。

A女士

这是一位咨询者的来信，婚姻中的"不速之客"的出现对妻子造成了很大的伤害。近年来我所处理的案例中，这种危机呈上升趋势。

一些咨询者在向我诉说时常常痛骂或痛哭，她们感到非常受伤。在婚姻中，感情的背叛是最令人痛苦的。当婚姻中出现"不速之客"时，妻子不仅会感到丈夫的背叛，还会怀疑自己。她们经常出现两种极端情况：一种是对自己进行极度负面的评价，另一种是对"第三者"极度痛恨。

一个有趣的现象是，当丈夫出轨后，妻子会迫切地想了解"第三者"的长相、身材、职业等。她们的第一反应往往是："那个女人比我好在哪里？"她们认为所有问题都出在第三者身上，但实际上她们关注的焦点错了。出轨只是婚姻问题的结果，而不是原因。问题的核心在于出轨的人，也就是丈夫。

解决这种"不速之客"问题的有效技巧是"边界+自我感受"。

边界：这是我们处理此类危机时的底线。在婚姻关系建立初期，我们需要告诉对方我们的底线。如果没有提前约定，那么在危机出现时，就可以告诉对方，你的底线在哪里。一旦超出边界，就要果断地说"不"。

自我感受：面对危机时，解决问题是关键。任何情绪的爆发或是报复行为都不利于问题的解决，反而会是阻碍。自我感受是尊重自己真实的身心感受。出轨事件导致了夫妻间的信任崩溃，重新建立与修复信任比以往更为困难，需要极大的勇气和毅力。在处理此类危机时，一些女性常常优先考虑孩子、面子、经济或双方家庭等因素，而忽视自己的感受，并且最终做出的决定还要让大家都满意。用"所有人都满意，唯独不包括她自己"来形容最为贴切。因此，她可能会选择原谅，但内心的伤痛并未修复。她内心深处并不相信丈夫能真正回归家庭，因为她是自卑的，所以她并不真正快乐。

经过彼此真诚的沟通后，如果决定给婚姻一个重新开始的机会，就要做好心理准备，明白负面感受可能会反复出现。同时，也要给信任的修复一定的时间，这段时间可能会很艰难，但是修复婚姻关系并非不可能。如果决定结束婚姻关系，也要正面地面对。总之，无论做出何种决定，请务必尊重自己的内心，并相信你值得拥有世间的一切美好。

若婚姻中出现了"不速之客"，以下是具体的处理建议。

（1）听心：妻子需要充分倾听自己内心的声音，认真思考自己的感受和需求。她应该问问自己，是否可以原谅丈夫的出轨行为，是否能够重新建立信任关系，以及是否愿意与丈夫共同努力去修复婚姻。

（2）外援协助：面对如此重大的决定，妻子可以考虑寻求心理咨询师或婚姻顾问的帮助。如果夫妻双方都有意愿修复婚姻，那双方需要同时进行治疗，专业的意见和指导可以帮助妻子更清晰地理解自己的情感，从而做出更明智的选择。

（3）认真考虑家庭和孩子的未来：妻子需要认真考虑

家庭和孩子的未来。离婚可能会给孩子带来不良影响，但如果夫妻关系无法修复，长期不幸福的家庭环境也会对孩子产生负面影响。妻子应该权衡利弊，为了孩子和家人进行长远考虑。

（4）重建信任：如果妻子决定原谅丈夫，那么双方需要共同努力去重建信任。丈夫需要展现出真诚的态度，愿意为自己的错误承担责任，并采取实际行动证明自己的改变。

（5）保持冷静：在做出决定之前，妻子应该保持冷静，不要被情绪左右。可以给自己一些时间，仔细思考和观察，以确保做出的选择是符合自己最终利益的。

重点重申，妻子需要明确自己的底线和需求，并为自己的选择负责任。无论她选择原谅还是离婚，都应该是基于自己的真实感受和对未来的理性考虑。

常见问题解答

问题1：为什么我与丈夫现在都没什么话说？以前刚谈恋爱的时候，我们有很多共同话题，也很想黏在一起。现在不要说黏在一起了，有时候一起待着我们都觉得尴尬。有什么方法可以让婚姻重燃爱火吗？

答：这种情况可能表明你和你的丈夫之间的沟通和情感联系出现了问题，而这在许多长期关系中很常见。

英国著名婚恋治疗师安德鲁·G.马歇尔认为，爱分三种，分别是迷恋、依恋和关爱。迷恋是一种疯狂、兴奋的爱；依恋是一种需要细心呵护的爱；关爱是一种对待亲人般的爱。亲密关系，无法一直处在"迷恋"的阶段，终究会随着时间的推移，经过"依恋"期，进入"关爱"期，但每个阶段都可以用心经营，为爱"保鲜"。这可以从以下几个方面入手。

（1）注重沟通。尝试重建起你们的交流方式，可以通过每天花一些时间分享彼此的想法、感受和经历。这样的互动可以增进彼此的了解，加强情感联系。比如，每天花 5 分钟向对方讲述自己一天的安排或是主要的事宜，让对方了解你的行程，增加互动的可能性等。

（2）制造特别时刻。创造浪漫的氛围也是重要的，尽量安排一些特别的约会，重新感受恋爱时的甜蜜，可以是一顿浪漫的晚餐、一次短期旅行或者是一次精心准备的惊喜。这样的举动可以让你们重新点燃爱的火焰，增加彼此之间的亲密感。

（3）寻找共同的爱好。培养共同的兴趣爱好也是增进情感联系的有效途径。尝试一起参加一些有趣的活动，比如运动、旅行、学习新的技能等，这样可以增加你们之间的交流和互动，让婚姻生活变得更加充实和有意义。

（4）接纳不完美。要记得在婚姻中保持开放的心态和积极的态度，接受婚姻当下的状态，接纳彼此的不完美，珍惜眼前的幸福。只有不断努力改善婚姻关系，才能让爱情长久地绽放。

（5）使用三句话表达法：如果彼此沟通存在问题，那么每次只说一个问题并且用三句话表达，最后别忘记送上你的赞美。

问题2：婚姻生活中经常有负面情绪，该怎样调节呢？

答：你可以关注以下四点。

（1）情绪本身没有好坏。有负面情绪很正常，我们需要接纳负面情绪，允许自己有负面情绪。负面情绪也正好可以说明我们的身心感到不舒适，需要我们好好照顾自己。负面情绪是一个身心问题的信号，我们应该为此感到开心，因为这是调整身心、好好照顾自己的好机会。

（2）倾听心声。询问真实的自己，是具体的什么事让自己感到不满。如果是我们对自己出现低认知，陷入自卑的情绪中，那么切记不可只看自己的缺点，而忽视生活中我们所拥有的部分。更不可以用自己的缺点与他人的优点比较，让自己处在"我不如他人"的认知循环中。这时，一定要倾听自己的心声，了解自己真正不满意的地方是什么，然后再寻求解决问题的办法。

（3）转移关注重心。负面情绪是我们内心对于我们"未满足"部分的精神呈现。当我们一直关注引起我们负面情绪的具体事件时，我们的思维会找出更多我们应该出现"负面情绪"的"证据"。只有转移关注的重点，从不同的角度看待问题，才会更有利于解决问题。

（4）用"动"代替"想"。有负面情绪，换言之就是有烦恼。人们有烦恼大多是因为想得太多而做得太少。如果对自己的身材不满意，就去做健身计划、减肥计划；认为自己涵养不够，就去提升自己的内在涵我们永远有「变美变飒」的资本与权力，只要我们想，我们就可以「痛快」做自己。

扫二维码领取专属原创疗愈音乐
及冥想引导语音

养，多读书，多学习。我们需要把事情落实到行动上，把计划量化到每一天，让自己不在脑海中一直"想"，变成沉浸式焦虑。每天做一点点改变就会感到充实，并且缓解明天的焦虑情绪。

总之，所有的负面情绪都是因为想得太多而做得太少，如果你有"闲"出来的烦恼，就让自己充实起来。同时，接纳不完美，接纳生命给我们的所有安排，也相信一切都是最好的安排。

问题3：婚姻中如何调整自己的绝望心态？

答：心理学中把个体在经历了多次失败和挫折后形成的对现实无望和无可奈何的心理状态或行为称为"习得性无助"。这种状态并非先天存在，而是个体后天习得的。"习得性无助"的个体在面对问题时往往认为自己无法改变现状，从而放弃努力，表现出消极、沮丧和无助的情绪或状态。

习得性无助的概念最初是由美国心理学家马丁·塞利格曼在1967年通过动物实验提出的，后来这一概念被扩展到人类身上，成为一种重要的心理学现象。

如何避免习得性无助？

（1）以辩证思维看待问题。一个事件的发生，均有正反两方面的影响。哪怕是失败的事件，也有其存在的意义，不能只看到事件的负面影响，而忽视它的正面影响。我们需要一个辩证的挫折观。当你有一个想法时，你可以针对这个想法进行探究推理（比如，他真的一无是处吗？婚姻真如我想的那样名存实亡吗？现在糟糕的生活，都是由对方引起的吗？）。让自己的判断更加客观，在认知行为疗法的 ABC 模型中，就是改变 B（看法），从而改变最终的结果（具体参考本书第四章第二节）。

（2）重新找回信心。

①回想自己的过去，寻找"高光"时刻，请回想你当时的感受、想法与决定。试着总结 5 个以上的优点，越多越好。然后告诉自己，那些优点一直存在于你的体内，只要你愿意，可以随意调动。

②阅读人物传记。没有一个人是随随便便成功的，阅读人物传记可以给你带来疗愈感。

③学习一项新技能。新技能的获得也能给你带来成就感，从而帮你恢复自信。

④慢慢来。告诉自己，只要开始做计划了，就是

成功，因为你在试着改变。要注重小的进步。

（3）保持乐观。每天给自己写一些鼓励的话，重视心理暗示的力量。如果我们每天关注自己的优点，比如每天对着镜子说，你真可爱，你很美，你值得拥有更好的。久而久之，你就会变得乐观。

（4）活在当下。一直沉浸在过去的错误决定中，也什么都改变不了了。一直沉浸其中，无异于在面对人生的考卷时选择了"弃考"。

记住，这个世界上没有绝望的环境，只有绝望的心态。如果能在遇到挫折后坚持下去，它就能成为我们人生中一笔不可多得的财富。若在挫折中沉沦，那便跌入了习得性无助的陷阱，就很难突破困境了。

如果想要成功，就必须学会面对失败。失败从不怜惜弱者，没有铁一般的意志，就可能被绝望打垮。而习得性无助的陷阱，是我们的大脑为了让自己适应环境，免于崩溃而做出的妥协姿态。软弱的人会妥协，而坚强的人能逃出陷阱，为自己营造心理舒适区，从而抵达成功的彼岸。

问题4：婚姻生活中，如何克服选择恐惧症？

答：优柔寡断的人往往会花费大量的时间在选择

上，最终却选择维持最初决定不变。这本质上是对选择本身的恐惧。因此，在做选择的时刻，我们应该听从自己的内心，权衡利弊后果断做出选择，不要因结果后悔。只有这样才能对抗"布里丹毛驴效应"①。

面临选择时不必恐慌。《墨子·大取》中提到"利之中取大，害之中取小也"，它的意思是两种利益同时放在面前，要选择利益较大的；两种损害同时放在面前，要选择损害较小的。换言之，在少损失多得到和少得到多损失中选择前者。所以，放弃完美主义与对事物的绝对掌控，任何事、任何决定都不可能十全十美。

因此，在我们的婚姻生活中面临选择时，请跟着自己的心走，权衡利弊后做自己能接受也愿意接受的选择即可，不必过于纠结。

问题 5：对方就是不道歉，怎么办？

答：婚姻关系中的矛盾，虽然没有绝对的错与对，

---

① 布里丹毛驴效应，源自 14 世纪法国哲学家布里丹的故事，讲述的是一头极度饥饿的毛驴站在两捆完全相同的草料之间，因为无法决定先吃哪一捆而最终饿死的故事。这个效应被用来比喻决策时犹豫不决和优柔寡断。

也没有绝对的输赢，但真诚的道歉却可以修复感情的裂痕。

就沟通的技巧，我给出以下建议。

（1）定规矩。在双方心平气和时，确定双方皆能接受的规矩，即吵架的底线。如吵架时不可以动粗，不可以大喊大叫，不可以动不动就说离婚，不能算旧账，等等。

（2）说诉求。告诉对方，在吵架后，作为妻子，你为什么期待他能摆正态度，向你道歉。如果最初的"错"方是丈夫，那你为什么很想得到他的一句"对不起"，这要让丈夫知道。是因为他这样做可以让你感到被尊重与被理解？还是因为童年的某种创伤，导致妻子出现类似问题时，希望得到丈夫的重视与呵护？这需要你自己找出答案。

（3）重接纳。如果丈夫就是一个不会或是不喜道歉的人，那么也不必强求他一定道歉。你可以告诉他，他可以用其他方式来弥补。比如，他可以买一份小礼物，或是主动做一顿饭、打扫一次卫生等。有的人由于原生家庭或是从小养成的习惯，就是不喜欢道歉，作为他的妻子，你要理解、包容与接纳。毕竟在婚姻关系中，夫妻双方，首先是独立的个体，其次才是其他的身份。

永远不要试图改变你的另一半。我们可以互相影响，共同成长与改进，但千万不要想着把对方改造成你想要的样子。因为无论是否成功，我们都是失败的。改造成功，他已不是他；改造不成功，你们也不再是以前的你们了。婚姻中，只有爱能化解一切，也只有爱能影响与改变一切。

第三章

"超人"焦虑：
每个她都有"麻烦"的"小可爱"

为孩子打造一个健康、快乐的成长环境，不仅能促进亲子关系的和谐，还能平衡和缓解妈妈们的焦虑感。

在女性的一生中，成为母亲的那一刻是极其伟大的时刻。"女子本弱，为母则刚"，女性成为妈妈后，往往需要承担更多的责任，成为家庭中的"超人"。然而，这种超人的角色常常伴随着各种焦虑。无论是学习育儿技巧还是保证孩子的健康，成为妈妈的路上充满了挑战和压力。每位女性都有着自己独特的"麻烦"，但在这些焦虑中也隐藏着成长和发展的机会。

本章我将与妈妈们一起探讨女性在扮演妈妈角色时所面临的有代表性的焦虑，并提供实用的解决方案，帮助妈妈们释放内心的压力，找到平衡和自信。无论是对刚刚成为妈妈的新手，还是经验丰富的育儿专家，本章节都将给出支持和指导，让妈妈们发现自己内心的力量，并以更加轻松自在的方式面对生活中的挑战。

第一节
SECTION 1 你的"小可爱"属于哪种类型?

如果人生是用来体验与成长的,那成为一位母亲是对女性身心最大的考验。在成为母亲之前,没有任何一种情感会让我们敢说"他属于我",但对于孩子,母亲会自信地说,"他是属于我的"。虽然孩子本质上只属于他自己,不属于任何人,但身为一位母亲,孩子给予的归属感、被需要和被爱的感觉,都是她其他身份所不能及的。

当上天派一位"小天使"来到母亲身边时,既是一种身心的考验,也是一种身心的疗愈。孩子有很多特点,这些特点中有的是孩子本身自有的,有的是孩子"青出于蓝"的,也有的是父母投射在孩子身上的。因此,在陪伴孩子成长的过程中,父母也在完善自己的人格。

知己知彼,才能更好地应对孩子给母亲带来的各种挑战。为了更好地了解孩子的特点,我设计了一份测评题。

测评题

根据孩子的行为特点选择最符合的答案，并记录相应的选项。请注意，每个问题只能选择一个答案。

1. 在学校里，孩子的行为更倾向于哪一种？

   A. 喜欢主动回答问题，成绩优秀，喜欢学习新知识

   B. 好动，喜欢尝试新事物，喜欢参加各种活动

   C. 做事情总是拖拖拉拉

   D. 内心敏感，喜欢依赖关系亲密的人，容易受情绪影响

   E. 喜欢掌控局面，喜欢领导和指导他人，不喜欢被限制

2. 当面临新的挑战时，孩子的反应是怎样的？

   A. 总是充满信心，勇敢地面对挑战

   B. 急于尝试，毫不犹豫地投入新的活动或项目

   C. 感到困惑和焦虑，不知道从何开始，可能会选择逃避

   D. 寻求安慰和支持，希望有人陪伴自己面对困难

   E. 把挑战当作机会，会积极地寻找解决方案，

领导团队，并充分发挥每个人的优势

3.孩子在处理矛盾或冲突时，更倾向于使用哪种方式？

A.喜欢通过讨论和沟通解决问题，寻求妥协和共识

B.喜欢直接行动，可能会有冲动和暴躁的情绪

C.倾向逃避，希望问题能够自行解决

D.感到受伤害时会表现出情绪化，可能选择退缩或者寻求安慰

E.喜欢通过控制他人来解决问题，可能会采取强硬的态度

4.孩子在日常生活中，如何面对失败或挫折？

A.抱着乐观的态度，寻找失败的原因并努力改进

B.积极地寻找解决问题的方法，不轻易放弃

C.会感到沮丧和失望，可能会选择逃避问题

D.可能会受到挫折的影响，情绪低落，需要他人的鼓励和支持

E.可能会变得暴躁和愤怒，试图通过强硬的手段来应对失败

5. 在学校或家庭中，孩子更倾向于哪种角色？

A. 学霸型（猫头鹰型）：成绩优异，喜欢学习，喜欢回答问题

B. 好动冒险型（猴子型）：活泼好动，喜欢尝试新事物，勇于冒险

C. 拖拉型（树懒型）：做事情慢慢吞吞，不喜欢努力，喜欢安逸舒适

D. 黏人敏感型（猫咪型）：依赖性强，内心敏感，喜欢与亲密的人在一起

E. 强势控制型（狮子型）：喜欢领导和控制他人，不喜欢被束缚和限制

观察并分析答案，试着判断你的孩子属于哪一种类型。原则上这五种特点存在于每一个孩子的身上，只是在面对压力时，或是在生活中大多数的行为表现上，会有一种特点更为突出。所以，当你发现你的孩子并不属于某一种类型，而是这五种类型的特点都有时，那是很正常的。此测评不做最终定义，只是为了帮助我们更进一步地了解我们的孩子，以及在后面的章节中习得与之相对应的沟通相处技巧，从而改

善亲子关系。

所以，当你因为不知道自己的孩子属于哪一类型而感到困惑时，不必紧张或焦虑。这份测评题仅仅是为了帮助我们了解孩子，从而找到更合适的教育和关怀方式。以下是五种类型孩子的具体特点，希望能给"超人妈妈"提供一些参考和帮助。

猫头鹰型的孩子

画像简述：

此类型的孩子就像猫头鹰一样聪明，他们渴望知识，勤奋努力，总是能在学业上取得优异的成绩。他们有着强烈的求知欲和学习动力，善于思考和解决问题。他们可能有点内向，但一旦展开"翅膀"，就能展现出惊人的才华。

具体表现：

学习成绩优异，勤奋好学，追求卓越。

喜欢独立思考，注重知识和技能的积累。

目标明确，做事有条不紊，自律，善于规划和执行。

能量处于高频时：

自信，学习能力强，逻辑思维清晰，善于解决问题。

自律，能够自我驱动，不轻易受外界影响。

有坚定的目标，追求卓越，努力实现个人价值。

在生活中比较懂事，不让大人担心。

能量处于低频时：

过于追求完美，对自己要求过高，导致压力过大。

缺乏灵活性，可能不善于应对变化和挑战。

忽视与他人的交流和合作，缺乏团队合作精神。

缺乏生活乐趣，兴趣爱好可能很少。

对此类孩子的教育建议：

鼓励孩子保持学习热情，但也要适当放松，减轻压力。

帮助他们合理分配学习和休息时间，缓解学习压力，保持身心健康。

关注孩子的社交能力与人际关系，培养孩子解决问题的能力，注重培养其团队合作意识。

给予孩子肯定和鼓励，引导其树立正确的成功观和价值观。

关注孩子的心理健康，在平等尊重的前提下，引导孩子表达自己学习与生活中的真实感受，培养他们享受生活的能力。

猴子型的孩子

画像简述：

此类型的孩子就像猴子一样，充满了好奇心和冒险精神。他们活泼好动，喜欢探索新事物，不愿受束缚，喜欢自由自在地生活。他们可能会有一些调皮捣蛋的行为，但也正是这种好奇心和冒险精神，让他们有机会发现更广阔的世界。

具体表现：

充满活力，好动，喜欢探索和冒险。

具有丰富的想象力和创造力，富有好奇心。

对新鲜事物充满好奇，喜欢尝试新的挑战。

常常会不按常理出牌。

能量处于高频时：

具有良好的适应能力，勇于尝试和冒险，不畏困难。

富有创造力，善于发现和利用身边的资源来解决问题。

具有较强的社交能力，善于与他人交流和合作。

讲义气、重承诺、好面子，爱憎分明。

能量处于低频时：

做事易三分钟热度，可能缺乏耐心和恒心，对待学习和任务可能缺乏持久性。

好奇心强，容易分散注意力。

可能冲动行事，缺乏计划性，容易因冲动而犯错误。

对此类孩子的教育建议：

引导孩子发挥创造力，提供多样化的学习和活动方式。

培养孩子的耐心和恒心，引导其制订计划和目标，培养其学习的持久性。

建立积极的沟通和合作模式，引导其学会倾听和尊重他人意见。

注重引导其掌握一定的自我约束能力。

树懒型的孩子

画像简述：

此类型的孩子就像树懒一样，他们比较慢热，对事物的反应比较迟钝，不喜欢忙碌和紧张的生活节奏。他们更喜欢舒适的环境，喜欢懒洋洋地享受生活。然而，一旦他们对某件事情产生兴趣，他们就会展现出惊人的毅力和耐心。

具体表现：

稳定性高，不易受外界干扰，能够保持内心的平静。

学习与生活缺乏动力和积极性，对强制性任务不感兴趣。

偏好舒适安逸的环境，不愿意主动追求挑战和变化。

行动迟缓，对学习和生活可能缺乏责任心和执行力。

懂得放慢节奏，享受当下的美好，不会过于急功近利，懂得欣赏生活中的点滴。

能量处于高频时：

脾气好，沉稳有耐心，慢条斯理，不易受外界干扰，能够保持情绪稳定。

擅长享受生活，懂得放松和调节压力，对生活品质有追求。

容易满足，容易感受到快乐。

遇到问题不易冲动，能够沉着应对挑战和困难。

能量处于低频时：

缺乏上进心和进取心，对个人成长和发展缺乏动力。

过于安逸，对未来规划不明确，缺乏远见和目标。

行动迟缓，容易拖延和懒惰，影响学习和生活效率。

对此类孩子的教育建议：

给予孩子鼓励和支持，激发其内在的潜能和动力。

引导其建立明确的学习目标，制订具体的计划和时间表。

注重小步前进，不可操之过急。

培养孩子的责任心和执行力，引导其学会面对挑战和压力。

培养他们的自信心和自尊心，激发他们克服困难和挑战的勇气和决心，鼓励其坚持不懈地追求梦想。

提供适当的挑战和激励，引导他们逐步跨越舒适区，尝试新事物，开拓新领域，丰富其成长体验。

猫咪型的孩子

画像简述：

此类型的孩子就像猫咪一样，黏人而敏感。他们情感丰富，对于他们来说，家庭和亲密关系非常重要。他们可能比较容易受到外界环境的影响，对变化和冲突可能会有一些敏感的反应。但同时，他们也具备出色的情感表达能力和同理心。

具体表现：

体贴、敏感、脆弱，情绪波动较大，容易受到外界的影响。

同理心强，善于观察和感知他人的情感，喜欢与人亲近和交流。

对亲子关系或是其他人际关系均较为依赖，需要得到他人的关爱和支持。

"内心戏"较为丰富，比较在意他人的评价。

能量处于高频时：

敏感体贴，善于体察他人情感，善解人意，具有较高的情商。

与人交往和沟通能力较强，善于建立亲密的人际关系。

共情能力强，能够深刻地理解他人的需求和感受，懂得照顾和关心他人。

富有创造力，能够以独特的视角看待世界，通常具有艺术和文学方面的天赋和潜力。

能量处于低频时：

情绪波动较大，容易受到外界的影响，情绪不稳定，可能易出现焦虑、抑郁等问题。

过度依赖他人的关爱和支持，缺乏独立性和自信心。

对批评和挫折较为敏感，容易受到打击。

比较容易没有安全感，盲目追求认同，从而失去自我。

对此类孩子的教育建议：

建立安全稳定的家庭环境，给予孩子足够的关爱和支持。

注重倾听和理解孩子的情感需求，与其建立良好的沟通关系。

培养孩子的自信心和独立性，培养其独立思考和解决问题的能力。

注重培养与提高他们的自尊心和自信心，引导其建立完整独立的人格。

狮子型的孩子

画像简述：

此类型的孩子就像狮子一样，强势而自信。他们有着强烈的领导欲和控制欲，喜欢掌控局面，追求权力和成功。他们可能会表现出倔强和固执的性格，但也正是这种坚定的意志，让他们能够在竞争激烈的环境中脱颖而出。

具体表现：

自信、果断，控制欲强，希望成为领导者和决策者。

善于表达，喜欢掌控局面和指挥他人。

对自己的能力有较高的认知和评价。

能量处于高频时：

自信果断，勇于面对挑战，有较强的领导能力和执行能力。

擅长决策和管理，善于组织和协调团队合作。

有明确的目标和规划，能够有效地实现个人目标。

自律且高效，不会被困难和挫折所影响，坚持不懈地追求自己的梦想和目标。

能量处于低频时：

可能有些霸道，过于强势，容易表现出极强的控制欲，可能会导致与他人产生冲突和矛盾。

缺乏倾听和理解他人的能力，容易忽视他人的意见和感受。

容易一意孤行，执拗且贪心，从而影响其对事件的客观判断与决定。

可能过于自信，不愿意接受他人的意见和建议，导致团队合作不顺利。

此类孩子的教育建议：

建立平等、相互尊重的沟通氛围，尊重其独立性和自主性。

给予孩子必要的自由和空间，让孩子感受到被尊重和被信任。

培养孩子的合作意识和团队协作精神，教会孩子倾听和尊重他人的意见和建议，学会协商，共同寻求最佳解决方案。

引导孩子正确处理自己的情绪，学会控制自己的行为，避免过度情绪化和冲动行为，以免影响到人际关系和团队协作。

第二节 "妈妈圈"中的烦恼
SECTION 2

"内卷"不能卷出所有的优秀

"内卷"——妈妈熟知的词语。当孩子到学龄阶段时，女性就会多了"××妈妈"的称呼，随即也就有了这样那样的"妈妈圈"。我曾在线上课堂中做过调查，育儿话题占了"妈妈圈"话题的77%，而这77%的话题中又有40%是关于"内卷"的。

所谓"内卷"，就是社会竞争的压力让人们为了追求更高的成就，争取社会的认可和资源，不断进行"被自愿"的竞争。然而，这种竞争可能会让人们忽视了内心真正的需求，一味追求外在的光鲜亮丽。

在家庭教育中，这个问题更为严峻，这让妈妈倍感焦虑。不妨先来做一组测试题。

测试题

在开始解决"内卷"问题前，先进行以下测试，来了解你是否深受其扰。请针对以下问题，选择一个最符合你实际情况的答案：

1. 你是否常常觉得与其他妈妈比较，你更担心孩子的成绩或才艺不如别人？

A. 是，经常感到焦虑和自卑

B. 有时会有这种担忧

C. 不太关注别人，专注于培养孩子的兴趣

2. 你是否为了让孩子参加各类社团和培训班而忙得焦头烂额？

A. 是，几乎每天都在为孩子的课程和活动安排而忙碌

B. 有时会出现这种情况

C. 尽量保持适度，不给孩子过多的负担

3. 你是否感到无法控制自己的时间，总是处于紧张状态？

A. 是，经常感到时间不够用，无法平衡家庭和工作

B. 偶尔会有这种感觉

C. 感觉时间比较充裕，能够给予家庭和个人生活充足的时间

【分析】

问题1考察的是，你是否常常担忧孩子在成绩或才艺方面的表现。

选择A意味着你经常处于焦虑和自卑之中，过分担心孩子。

选择B意味着你偶尔会有这种担忧，但并不频繁。

选择C意味着你更注重孩子的兴趣，相对而言不太受比较的影响。

问题2考察的是，你是否因为孩子参加各种活动而忙得不可开交。

选择A表示你几乎每天都在为孩子的课程和活动安排而忙碌，已经超负荷。

选择B意味着这种情况偶尔发生。

选择C表示你会尽量保持适度，不会给孩子过多负担。

问题3考察的是，你是否常常感到时间不够用，因无法平衡家庭和工作而感到焦虑。

选择 A 表示你经常处于紧张状态，无法有效平衡时间。

选择 B 意味着你偶尔会有这种感觉，但并不频繁。

选择 C 表明你可以努力平衡时间，给予家庭和个人生活充足的时间。

现在，你是否对自己在"内卷"问题上的焦虑状况有了更清晰的认识呢？

综合多年的来访案例，关于妈妈对孩子"内卷"的焦虑，究其原因，主要有以下几种：

- 周围的妈妈与孩子都很"卷"，自己也不得不"卷"。
- 妈妈没有实现某些方面的梦想，所以想把未实现的梦想加在孩子的身上。
- 对于未来过分悲观，认为孩子成绩不好就没有未来。
- 对孩子有过高的期望和要求，希望孩子如妈妈所定义的一样成功。

很多妈妈的焦虑是由以上好几种原因综合起来造成的。

有时候，宽容孩子就是宽容自己，放过孩子也就是放过自己。

为了帮助妈妈缓解"内卷"带来的焦虑，我介绍两个重要的方法——未来画像法和内省法，这有助于理性看待"内卷"现象，为孩子打造一个健康、快乐的成长环境，促进亲子关系的和谐，同时能缓解妈妈在此话题中的焦虑感。

1. 未来画像法

妈妈陪着孩子展开针对学业与技能的"内卷"行为，其内心都是希望自己的孩子能变成更加优秀的人，表 3-1 是关于未来画像法的示例，妈妈可以花点时间进行书写，它可以让你更加清晰地认识到对于孩子你的目标是什么。该示例的前提条件是：假如你的女儿今年 30 岁，这个周末她要回家。想象一下：当门铃响了，你一开门见到她时，她是什么模样的？注意：写得越细致越好，如果找不到合适的描写方式，你可用一些关键词来概括。以下为示范。

表 3-1　未来画像法示例

项目	描述
外貌	长头发，皮肤白皙，妆容干净，穿着整洁，漂亮，面带由内而外的笑容，有气质
身材	匀称，不胖不瘦（胖一点也没关系，只要健康）
工作	工作稳定，拥有施展自己能力的平台，与上司、同事相处和谐，薪水能满足她的生活开支，每个月还能存下一点钱以备不时之需

续表

项目	描述
家庭	已婚，有一个爱她的丈夫，可以为她遮风挡雨，家人对她都很好。未来可能会有两个可爱、聪明的孩子，一家人幸福快乐地生活着
身体	健康，有良好的生活习惯
社会地位、资源或人际关系	擅长社交，有一定的社会资源，这些资源能帮助她成为更好的自己
一句话总结	一个阳光、美丽、健康、勇敢、睿智、幸福的人

通过未来画像，作为妈妈的你会对自己培养孩子的目标有更清晰的认识。这样一想，很多别人眼中的光环，是否已经没有那么重要了呢？

2. 内省法

在这个快节奏而又人心浮躁的时代，身为妈妈的你顶着诸多的压力，把重心放在孩子身上，希望可以尽己所能为孩子多争取一些机会。为此，你常常做出牺牲。但人生如走山路，走得稳比走得快更让人身心安定。

在生活中，妈妈也可经常进行内省练习。当因为陪孩子"卷"而感到焦虑时，可以给自己一个独处的时间，对照表3-2进行自我的内省。相信我，你会有意想不到的收获。

表3-2 "内卷"焦虑自省问答表

问题	答案
你最近三个月与孩子一起"内卷"时，育儿焦虑是减轻还是加重了？	
若是减轻了，表现在哪些方面？若是加重了，表现在哪些方面？	
这些焦虑与你对孩子的未来画像有什么关联？是否有必然联系？	
目前"内卷"的方式是否并未让你感到勉强？自己的体力、精力、经济等都并未让你感到勉强吗？	
目前的"内卷"方式，是你与孩子在互相尊重并沟通的基础上决定的吗？是充分征求了孩子意愿，符合孩子兴趣爱好的吗？是孩子能接受的吗？	
在目前"内卷"的过程中，你与孩子是否关注了当下能做的事？是否只是与自己的昨天比较，是否注重了小步前进？	
若双方感到不舒适，是否能与孩子达成一致，做进一步调整？	

解决妈妈对于"内卷"的困扰不仅只有上述两种方法，还可以尝试以下几个有效的途径。

1. 建立正确的目标观念

只有拥有正确的目标，才会更有利于我们到达成功的彼岸。若你不想用"未来画像法"，也可以制定短期目标，比如，学期目标、学年目标。举个例子：本学期只要比上学期各科成绩进步 5 分或 10 分，或是每次考试在多少分以上。我们的目标应该聚焦于孩子的发展潜力和个性特点，不要过度强调"胜过他人"的竞争观念，要让孩子锻炼出独立思考和解决问题的能力。

2. 搭建合理的成长平台

一个拥有完整人格的孩子不一定是成绩优秀的孩子。妈妈在培养孩子的兴趣时，不要只关注结果，而要注重过程。在注重孩子各方面能力培养的同时，也要给他们参与有意义活动的机会。要将注意力转移到培养孩子的多元化思维和社交能力上。就像感受幸福、感受快乐、学会爱与被爱一样，这些都需要从小引导与培养。记得在这个过程中要让爸爸一起参与进来。

3. 建立健康的家庭与教育环境

妈妈要主动与孩子沟通，鼓励他们表达自己的想法和情感，提供积极的支持和引导。可以每月或每周在家里设置"谈心日"，或是"树洞角"等，有意识地搭建亲子沟通的桥梁。

在这个"内卷"的时代，要想做一位不焦虑的妈妈确实不是一件容易的事，但只要观念上有新的认知，你就会发现，一切都不太难。

情绪"怪兽"要这样"打"

在"妈妈圈"里有一个高频话题，那就是"你家孩子的脾气好不好"。孩子的情绪管理问题困扰着许多的妈妈。

我很喜欢一个民间寓言故事，也常常讲给孩子听。

很久很久以前，有一位老者，见自己的孙子总是发脾气，他告诉他的孙子，每个人心里都有两只狼在搏斗。一只狼代表着善良、爱心和平和，另一只狼代表着恶意、恐惧和仇恨。即一边是"天使狼"，一边是"魔鬼狼"。孙子问爷爷，那么哪只狼会赢呢？老者回答说，你经常喂养的那只会赢。

这是一个关于内心斗争的寓言故事，被称为"两只狼的故事"。这个寓言告诉我们，我们内心的善良和邪恶之间斗争的输赢，取决于我们选择用什么样的方式来培育我们的内心。

在孩子的成长过程中，到底有哪些主要的情绪"怪兽"呢？根据多年的培训与咨询案例，我总结如下。

在养育过程中，妈妈可能会遇到孩子的各种各样的情绪"怪兽"，这些情绪主要包括以下五种。

（1）愤怒"怪兽"：孩子可能会因感到被冤枉、不被理解等而感到愤怒。这种情绪表现为大声哭喊、摔东西、打人或攻击其他物体。

（2）焦虑"怪兽"：孩子可能会因与父母分离、学习压力、社交困难等而感到焦虑。这种情绪表现为哭闹、拉扯衣物、手脚颤抖、口干舌燥等。

（3）悲伤"怪兽"：孩子可能会因失去、遭受打击、被欺负等而感到悲伤。这种情绪表现为哭泣、退缩、不愿与他人交流、情绪低落等。

（4）挑剔"怪兽"：孩子可能会因不满意环境、食物、玩具等而表现出挑剔的情绪。这种情绪表现为吹毛求疵、挑剔食物、拒绝合作等。

（5）挑战"怪兽"（也称"唱反调'怪兽'"）：孩子可能会因想要掌控局面、争夺权力、追求独立等而表现出挑战的情绪。这种情绪表现为顶嘴、反抗、违反规则、固执己见等。

以上是一些常见的孩子的情绪"怪兽"，每种情绪都有其独特的表现形式，而理解这些情绪并有效应对它们，对于妈妈来说是至关重要的。

但请注意，情绪本身没有好坏之分。"坏"的情绪也是一种自我保护机制。本文中的"怪兽"仅作为另一视角的概念，来帮助妈妈与孩子理解并寻找适合自己的面对与处理负面情绪的方法。

下面，针对每一种"怪兽"，我分享一些具体的建议与方法。

愤怒"怪兽"

周六的晚上，小明与同伴在家里玩玩具，在下棋的过程中，他输了一局。之后，他非常生气，把桌子上的整盘棋都打翻了，并喊着"不玩了，不玩了"，同时还伴随着几句骂人的话。这一行为也导致他与小伙伴们不欢而散。

在这个案例中，小明缺乏情绪调节的能力，他无法接受游戏带来的挫败感，当情绪"怪兽"来临，他不知道如何正确应对，任由愤怒的情绪操控着自己。这时，他喂养的是那头"魔鬼狼"。此刻，最有效的方法是我们要帮助他尽快找出他的"天使狼",让"天使狼"夺回他情绪的主导权。愤怒"怪兽"需要"天使狼"的冷静与理性，它可以帮助孩子控制情绪，冷静地面对问题，寻找解决方案，而不是被愤怒所控制。

"打怪兽"的建议如下。

（1）关闭嘴巴：当"怪兽"来临时，教孩子暂停讲话，保持5分钟以上。

（2）吹气球：不用真准备气球，与孩子一起，深深吸气，然后像吹气球一样把每一口气吐尽。进行10次以上，待情绪平和一些再进入下一步。

（3）理解与共情：描述情绪与状态，这时妈妈可对孩子的状态进行描述。比如：

"妈妈知道，你现在很生气，很愤怒，对吗？"

"是因为刚刚游戏时输了？"

"你很想赢，可是没有赢，所以才发脾气？"

与孩子进行平等、同频的沟通。

记住：不批评，不指责。此时解决问题不是重点，安抚他的情绪才是重点。

（4）讨论输了游戏之后的做法：待孩子平静后，与孩子一起讨论刚才的行为。

　　"天使狼"会扔掉那些棋吗？

　　"天使狼"会如何处理输游戏的事呢？

　　"天使狼"在发脾气之后，会怎么做呢？

　　……

　　引导孩子站在喂养"天使狼"的角度，理性地分析与解决问题。

　　（5）及时肯定与鼓励：当孩子理性解决问题时，我们要给予肯定与表扬。要看到孩子成长的部分，加以鼓励，相信他下次能处理得更好。

焦虑"怪兽"

　　小红因为即将到来的考试而感到焦虑不安，她经常担心自己无法应对考试，甚至出现失眠、食欲不振的情况，还常常有不想上学的想法。

　　小红的焦虑可能是因为她对考试结果的担忧，以及对未来的不确定感。从某种角度上看，她可能是缺乏自信，担心自己无法达到预期的目标。妈妈此时也要反思，平常是否太过重视女儿的成绩，或是最近很少关注女儿的身心健康。

焦虑"怪兽"需要"天使狼"的平静与信心。

"打怪兽"的建议如下。

（1）有效放松：陪孩子一起去做她感兴趣的事，可以是出去走走，或是去哪里玩。帮助她平静内心。

（2）焦虑扫描：当孩子放松、平静后，陪着她把她焦虑的学习问题像侦探一样一个个找出来，如表3-3所示。

表3-3 学习焦虑检查表

科目（ ）	焦虑的知识点	可用的解决方法	曾经学习或生活中的高光时刻
第一单元			
第二单元			
第三单元			
第四单元			
……			

与孩子一起回忆学习与生活中的高光时刻，能帮助孩子增强信心，提高她的能量值。只要用心找，每个孩子都可以找到很多高光时刻。比如，曾经学会了什么，或是曾经做的好

人好事。找出孩子身上的优秀品质，特别是亲朋好友公认的。

（3）制订学习计划表：帮助孩子制订合理的学习计划和时间表，减少她对考试的担忧，提高学习效率。

（4）用"夸"增加自信：每天找出孩子身上的一个可夸的地方。比如，孩子今天写作业时，提前准备好了学习用品等生活小事，哪怕是作业本中字写得比以前端正。可以告诉自己，每一次与她一起做事，你都要找出一处她值得被夸的地方。

悲伤"怪兽"

小华一家是近期刚搬来这个城市的，因为搬家，小华离开了原来的同学与玩伴，需要适应新的环境。因此，小华感到孤独和悲伤，经常哭泣，也比较消极，失去了以往的活力，她的妈妈为此感到非常焦虑。

小华的悲伤可能是因为她离开朋友和熟悉的环境而产生了失落感，以及对新生活的不适应。她因此感到孤独和无助，缺乏安全感。

悲伤"怪兽"需要"天使狼"的安慰与支持。安慰，是指她需要被理解、被共情，需要把这种"失落"表达出来，并被看见。支持，是指她需要陪伴，需要在她面临困难时给她指明方向。

"打怪兽"的建议如下。

（1）情绪支持与理解：小华需要理解和共情。妈妈可与爸爸一起倾听她的心声，给予她足够的情感支持，让她感受到她的情绪是被认可和理解的。在她悲伤时，妈妈要尽可能陪伴在她身旁，给她温暖的肯定和安慰，让她知道她并不孤独。

（2）建立新的社交网络：悲伤时，孩子往往会感到孤独和失落。妈妈可以陪伴与鼓励小华积极参与新的社交活动，结交新朋友，重新建立社交支持系统。这些新的社交关系可以给她带来新的支持和关爱，帮助她走出悲伤的阴影。

（3）悲伤情绪的接受和释放：我们要鼓励小华表达自己的悲伤情绪，让她知道悲伤是一种正常的情绪反应，而不是需要压抑或隐藏的。妈妈可以引导她通过写日记、绘画，或者与亲密的人分享等方式来表达和释放内心的悲伤，让她逐渐恢复心情。

通过以上方法，妈妈可以帮助小华更好地理解和应对自己的悲伤情绪，从而逐渐走出悲伤的阴影，重拾快乐与自信。

挑剔"怪兽"

小杰是一个十岁的小男孩，他对自己和他人的要求非常严格，总是追求完美。比如，每当他写作业时，他会反复检查每一个字，直到自己满意为止。如果有一点点笔误或瑕疵，他会非常苛求自己，甚至会大动肝火，把书本摔在地上。他还常常挑剔家人和朋友，认为他们做事不够认真或不够完美，经常责备他们。有一次，他和爸爸一起准备晚餐，爸爸稍微做错了一步，小杰立刻就大发雷霆，指责爸爸毫无责任心。这把当时在场的妈妈给吓坏了。

此案例中，我们可以看到小杰表现出了完美主义倾向和挑剔苛求的行为。完美主义是一种性格特征，表现为对自己和他人的要求非常严格，追求完美和无缺点的状态。这种行为可能源于对自我价值的过度依赖，以及对外界评价的过分关注。于小杰而言，他可能觉得只有通过完美的表现才能得到他人的认可和赞扬，因此会对自己和他人的表现提出严格要求。

这种完美主义倾向不仅给小杰自己带来了压力和焦虑，也对家庭和社交关系产生了负面影响。他的父母和朋友可能感受到了他的挑剔和苛求，导致他们与小杰之间容易产生矛盾。

挑剔"怪兽"需要"天使狼"的理解与接纳。接纳，是指小杰需要接纳自己，也需要接纳他人。理解，亦然。

小杰的妈妈应重视小杰的这种行为，并与爸爸商量，共同寻找方法来帮助小杰应对完美主义倾向。

"打怪兽"的建议如下。

（1）妈妈可以通过游戏来培养孩子的理解与接纳能力。例如，可以设计一些角色扮演的游戏，让孩子扮演不同的角色，体验不同的情感和观点。通过模拟他人的经历，孩子可以更好地理解他人的感受和想法，从而培养理解与接纳的能力。

（2）妈妈可以鼓励孩子多与他人交流，分享彼此的经历和感受。可以给孩子提供一些话题，引导他和家人、朋友或老师交流，分享彼此的快乐、困惑和挑战。通过与他人的交流，孩子可以更深入地了解别人的内心世界，从而增进理解与接纳。

（3）妈妈还可以通过故事书或电影来培养孩子的理解与接纳能力。选择一些富有教育意义的故事书或电影，让孩子阅读或观看，并与他们讨论书中或电影中的人物和情节。通过讲述故事的情节和分析人物的塑造，启发孩子思考和理解不同的观点和感受，从而培养他们的理解与接纳能力。

总之，通过游戏、交流和故事等方式，我们可以培养孩子理解与接纳自己和他人的能力，从而帮助他们建立积极健康的人际关系，减少挑剔的情绪。

挑战"怪兽"（也称"唱反调'怪兽'"）

小童是一个很有个性的孩子。在一次班级活动中，老师布置了一项团队任务，要求学生们按照规定的步骤完成。然而，小童却提出了自己的建议，并试图改变任务的完成方式。他认为自己的方法更有效，因此拒绝服从老师的安排。

老师在得知小童的行为后，试图与他沟通并解释规则的重要性，但小童并不愿意接受。他坚持认为自己的想法更好，导致了他与老师的冲突。

在家庭中，与妈妈的相处过程中，小童也经常"唱反调"。当要求他按时完成作业或遵守家规时，他常常表现出不耐烦和反抗的态度。他坚持认为自己有权决定自己可以做什么和不做什么，不愿意接受他人的指导和管理。

尽管妈妈与爸爸和老师一起不断地尝试与小童沟通并寻找解决问题的方法，但小童仍然固执己见，不愿意改变自己的行为。这种挑战权威和不服从规则的态度，给他的学习和生活带来了很大的困扰，也给他周围的人带来了不必要的压力和烦恼。

作为小童的妈妈，要先明确他行为背后存在的原因。挑战权威和不服从规则的行为可能是由他的个性特点、成长环境，以及社会文化等因素共同作用的结果。

首先，小童可能是具有强烈个人主义倾向的孩子，他更倾向于追求独立和自主，不愿意受到外部权威的约束。这种行为可能源于他在成长过程中自我意识的强烈发展，以及对自己能力和观点的自信。

其次，小童可能缺乏对规则的理解和尊重。这可能与家人和老师缺乏对规则的正确引导和教育有关，从而导致他对规则产生了抵触情绪。

挑战"怪兽"，也可称为"唱反调怪兽"，它需要"天使狼"的尊重与合作。

"打怪兽"的建议如下。

（1）故事教育：妈妈可以精心挑选一些故事，让小童从中领悟到尊重和合作的重要性。故事中的角色需要展现出尊重他人、团队合作的精神，激发孩子的共鸣和思考，从而促使其改变自己的行为模式。

（2）角色扮演：设计一些角色扮演游戏，让小童在游戏中扮演不同的角色，体验尊重和合作的场景。通过亲身参与和体验，小童可以试着学习理解尊重他人、团队合作的意义，并在游戏中培养相应的行为习惯。

（3）合作项目：妈妈可以和爸爸及其他家庭成员一起组织合作项目，让小童与同龄人或成人一起合作完成任务。在合作的过程中，孩子可以学习倾听他人意见、尊重他人想法，如果刚开始小童很抵触，那么可以由他来制定规则。

（4）情景模拟：创造一些生活情境或学习环境，让小童在其中面对与他人合作的挑战。例如，安排孩子和家人一起准备晚餐、布置房间或组织游戏活动，让他学会与他人协商、沟通和合作，以培养孩子的团队意识和合作精神。

（5）表扬和激励：及时表扬孩子在合作中表现出的积极行为和进步，让其感受到尊重和认可的力量。通过正面激励，鼓励孩子继续发扬合作精神，逐步树立正确的价值观和行为准则。

此外，妈妈也要注重孩子责任感和自制力的培养。这个世界是有规则的，比如红灯时就该停下来，绿灯时才能通行。因此，要让孩子有规则意识，知道在规则下他可以自主做什么事与不能做什么事。

"礼貌一点"要这样教

每位妈妈都希望自己的孩子无论在哪都能受欢迎，也希望自己的孩子无论在什么场合都能彬彬有礼，落落大方。

多年以前，我的一对双胞胎儿子还小。我曾经想用更好、更科学地陪伴他们成长，所以创办了一所早教机构。在那之前，我的身份只是一名钢琴教师、心理咨询师。记得那是 2015 年，我在上海参加完成人礼仪培训后，一直在思考如何做关于孩子的礼仪教育。

后来，经过摸索与寻找，我认识了纪亚飞老师，她具有很好的礼仪涵养，其他人哪怕只是远远地看着她，也能被她感染。

那时，她在课堂上展示了一张幻灯片，上面是公共场合的 20 条文明守则：

（1）在超市里，选好饮料再打开冰箱，选好速冻食品再打开冷柜。　☑

（2）在超市选好的东西，如果决定放弃购买，请放回原来的位置。　☐

（3）预约了餐厅，如果临时取消，应主动告知。　☐

（4）关门时，回头看下，后面如果有人可以扶门停留一下。　□

（5）公共场合交谈以彼此可以听到且不妨碍他人为准则。　□

（6）在快餐店食用完毕，将餐具收拾整理到工作台。　□

（7）说请、谢谢、对不起、很抱歉。　□

（8）乘坐电梯靠右站立，左侧留给急行的人。　□

（9）在公共洗手间门口排队，而不是在某个方便设施门前排队。　□

（10）在关着的门前应该敲门。　□

（11）吃自助餐时只拿自己能够吃完的食物。　□

（12）吃自助餐夹取食物时不破坏容器中剩余的干净食物，用完后夹子放回原位以方便下一位顾客使用。厨师烹制食物后递给你，要说谢谢。　□

（13）在公共区域，一个人不要坐两个座位，行李不要占座。　□

（14）扔垃圾不是投篮，要走过去打开垃圾桶盖，然后稳妥地放进去。　□

（15）进电梯不堵在门口。　□

（16）结伴走路不并排堵路，始终留一半的空间给其他

路人。　□

（17）从他人身边挤过时说"抱歉"。　□

（18）行进时，从左侧超越他人行进。　□

（19）开车不频繁按喇叭。　□

（20）公共场合注意保持音量不影响他人。　□

　　只有真正能在现实生活中践行的，才能打钩。以上20条，你是否都能做到呢？礼仪教育的最好方式就是以身作则。所以，妈妈在教孩子要礼貌时，自己要先做到，这也是一种挑战。但无论从什么时候开始都不会晚。①

　　以下是我给妈妈们的一些小建议。

　　（1）提高自身的礼仪修养：妈妈要先提高自身的礼仪修养，才能更好地教育孩子。比如，如果妈妈不知道在聚餐时夹菜要用公筷，那么孩子就不会觉得用自己的筷子是失礼；如果妈妈不知道去别人家不可以在沙发上踩跳，自家孩子就不知道在别人家沙发上踩跳是失礼；如果妈妈不知道穿着家居服会客与外出是失礼，孩子就不知道这是失礼的行为。

---

① 若对礼仪教育感兴趣，可学习纪亚飞老师的《纪亚飞教孩子学礼仪》。

（2）正话正说：妈妈教孩子学礼仪时要正向表达。比如，在吃饭时，你可以说："想吃一盘菜的时候，只能从盘子朝向你的那一区域中夹取"。而不要说"筷子不要乱动，不要这儿也夹那儿也夹"。孩子在公众场合大喊大叫时，你可以把食指放在嘴边，比一个"嘘"的动作，并说"小声，安静"，而不要说"不要大声喊叫"。在表达时，把"不要"怎样，换成肯定的"应该"怎样，这能让孩子接收到更直接的行为信号，同时也有助于我们在表达时缓和自己的语气，不让孩子误认为我们在指责他。

（3）模拟社交场合：在开展家庭活动时，或者在出席重要聚会时，妈妈可以在家庭中模拟该场合，与孩子一起梳理礼貌行为的要点，并加以鼓励与表扬。通过这种方式，孩子能够学到在不同场合中的礼仪和待人接物的技巧。

（4）开展活动：妈妈可以在家庭中定期组织一些角色扮演的游戏。这可以作为家庭亲子活动，活动策划由孩子完成，角色指派与评委，均由孩子担任，让"小鬼"也当一次家。如果是高年级的孩子，则可以通过"礼仪知识抢答"的方式进行。这些活动皆有助于孩子更好地理解和掌握社交礼仪的要点。

（5）多点耐心与坚持：有时候，孩子不懂事是因为缺乏经验和教导。妈妈需要有耐心，通过一次次的纠正、引导、强化与实践，慢慢地让这些礼仪成为孩子为人处世的底色。

（6）定期反思：妈妈在教育与引导的过程中，也需要与孩子一起定期反思，总结做得好的方面与待改进的方面，让孩子意识到自己在社交场合中的表现，鼓励孩子做出积极的改变。

礼貌是一种与金钱无关的品质。愿这种品质能成为我们每个家庭中的传家宝。

"听话"的终极目标是自我管理

我在一次与几个妈妈的聚会中发现，大家对孩子的"不听话"倍感苦恼。我把那次聚会中妈妈们谈论的内容梳理与总结如下：

"哎呀，要是我家孩子有你家孩子一半听话就好了。"

"天哪，你儿子怎么这么听话，你叫他写作业就去写作业。"

"太乖了吧，你女儿怎么这么懂事，这么听话呢？真羡慕你有这样的'小棉袄'。"

"我儿子要是有这么听话就好了，我叫他先写完作业再玩，结果他玩到睡前，作业都没写。"

……

看，高频词：听话。

所有妈妈都想要一个很"听话"的孩子。可若孩子真如她们所愿，非常"听话"，她们是否又会很担心呢？担心他以后会不会变成一个老好人，担心他没有主见，担心他一板一眼，推一步走一步……

心理学里有一个重要的"冰山理论"，由弗洛伊德提出，他将一个人的内心比喻为一座冰山，只有一小部分浮出水面，而大部分则潜藏在水下。正所谓"冰冻三尺，非一日之寒"。我画了一个"听话"冰山（图3-1）。

听话

尊重他人
自律
有同理心
情商高
责任心强
重承诺
……

图3-1 "听话"冰山

梳理一下，妈妈们所说的"听话"，就是"做该做的事"。所以，**"听话"的终极目标是让孩子具备自我管理的能力**。这里的"不听话"，又是指什么呢？是不守规矩，不分场合地求关注，是自己的事没有自己做，是不尊重他人，是不想承担责任等。底层的逻辑，依旧是自我管理。

我给妈妈们的解决方法与建议如下。

请所有妈妈记住，孩子的任何一个"麻烦"，仅是结果，只是冰山露出水面的一小部分，要更多地挖掘冰山下面的部分。每一个结果究其原因，都很复杂。提高孩子自我管理能力的方法有很多种，但每个孩子的情况不同，因此，我们需要不断尝试，找到真正有助于自己孩子的方法。

（1）制作"自我王国"档案： 妈妈可以与爸爸商量，让与孩子亲子关系较好的人为主导，另一方辅助，一起帮助孩子总结其优点、缺点、兴趣爱好、习惯等。把这些制作成孩子的"自我王国"档案，定期进行加减，可以是一个月、一个季度、半年等，如表3-4所示。

表3-4 "自我王国"档案

项目	特点	备注（特别说明的补充事项）
性别		
身高		
体重		

续表

项目	特点	备注（特别说明的补充事项）
兴趣爱好		
优点		
缺点		
擅长做的事		
学习中面临的挑战		
生活中面临的挑战		
人际关系中面临的挑战		
可无限补充其他信息，尽量发现孩子的所有面		

这个活动是为了帮助孩子全面地了解自己。在实践中可以发现，当孩子了解到自己有这么多优点时，都感到特别兴奋。

（2）"任务成就牌"游戏：设计具体的任务成就牌，列出孩子每天需要完成的任务，比如整理玩具、完成作业、洗漱等。每完成一个任务，就给予相应的奖励，可以是小奖品、额外的游戏时间或是孩子自己喜欢的活动等。这样孩子就能激励自己更好地管理时间和完成任务。

（3）"情绪瓶"：准备一个透明的瓶子，让孩子将不同颜色的水彩颜料加入其中，代表不同的情绪。比如，红色代表生气，蓝色代表悲伤，绿色代表平静等。当孩子感到情绪波动时，可以把瓶子拿出来观察，从而了解自己的情绪，并学会用适当的方式调节。平常，也可以进行"情绪茶话会"，每次只探讨一种情绪，比如"难过"。问孩子"在什么情况下，你会感到难过"。妈妈需引导孩子自己描述出具体导致他感到难过的事件与场景。"情绪茶话会"活动的前提是良好的亲子关系，如果没有良好的亲子关系做基础，妈妈直接想要改变孩子，让他听话，几乎是不可能的。就算真的可能，那也只是表面顺从罢了。

（4）"目标冒险"：和孩子一起制定一些短期和长期目标，比如学会一个新的技能、阅读一本书、锻炼身体等。然后将这些目标拆解成具体的步骤，每完成一个步骤就记录下来，最后一起庆祝达成目标的时刻。

（5）"成长日记"：鼓励孩子每天写下一些关于自己成长、学习和情感的感悟，可以是简短的几句话或是绘画。这样的习惯不仅有助于培养孩子的自我反思能力，还可以促进与家长的沟通。

（6）"说到做到能量圈"：妈妈可以在空闲时与孩子一起制作可视化的"说到做到"能量圈，如图 3-2 所示。

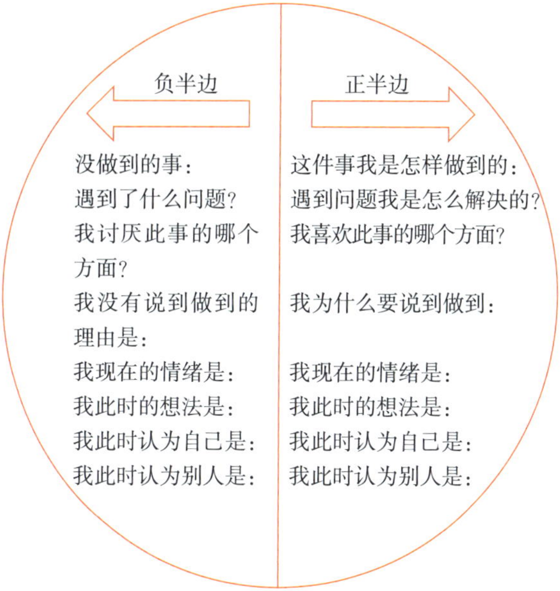

负半边　　　　　　正半边

没做到的事：　　　　　这件事我是怎样做到的：
遇到了什么问题？　　　遇到问题我是怎么解决的？
我讨厌此事的哪个　　　我喜欢此事的哪个方面？
方面？
我没有说到做到的　　　我为什么要说到做到：
理由是：
我现在的情绪是：　　　我现在的情绪是：
我此时的想法是：　　　我此时的想法是：
我此时认为自己是：　　我此时认为自己是：
我此时认为别人是：　　我此时认为别人是：

图 3-2　"说到做到"能量圈

常见问题解答

问题 1：为什么我学了很多育儿与个人成长的方法，却还是无法成为一位好妈妈？

答：不止你一个人这样想，所以你并不孤单。人生路本就没有捷径，你需要保持一颗终身成长的心。

从你的表述中，我感受到你是一个对自己有很高要求的人。你爱学习并且能持之以恒，为你点赞。

我想问你几个问题：

是不是仅有一种方法可以教育出优秀的孩子？

在这个世界上，所有优秀孩子的教育方法都一样吗？

你觉得在教育中，什么叫选对了方法？

妈妈懂很多教育方法，自己的孩子就一定不会叛逆吗？

妈妈不断学习与成长，就不会遇到生活与育儿的困难了吗？

我想，这个世界上任何一个专家都不可能说，用哪种方法教育孩子，这个孩子就一定是成功的。因为不管什么有效的方法，虽然对象都是孩子，但是每一个孩子都是不一样的。并且，我们也无权针对任何孩子放大他未来可能遇到的失败。每个孩子都有各自的可爱之处，也有各自的天赋。所以，你无须自责，反而应该感到高兴，因为这说明你还有更多的机会了解你的孩子。

而对于你自己的成长问题，亦是如此。所以，请接纳自己，也接纳孩子，然后共同成长。请不要用所谓的"方法"去教孩子，那样你的预期就是在这些

"方法"之内，预期一旦没有达到，你就会失控。每一位妈妈只能在试行、调整、再试行中不断了解孩子，了解自己。

问题2：初中的孩子一回家就把自己关在房间里，怎样与他交流？

答：我非常能理解你的困扰。

我要告诉你，你并不孤单。许多妈妈都会在孩子青春期时面临类似的挑战。孩子渐渐长大，开始追求独立，需要自己的空间。这是一个自然的过程，但我知道，这会给你带来不适应感。

为了重建和孩子之间的亲子关系，我有几点建议供你参考。

首先，多给予他关注和理解，多花点时间了解他。尽管他可能在表达的方式上有所不同，但他仍然需要你的支持和陪伴。花时间与他交流，了解他的兴趣和需求，尊重他的个性和选择。

其次，告诉他你的感受，与他建立一种积极的沟通方式。一定要试着与他分享你的感受和想法，让他知道你愿意倾听他的心声，渴望与他交流。同时，也要尝试通过一些共同的兴趣爱好来拉近你们的距离，比如一起做饭、运动或者看电影。

最后，要给予他适当的自主权和责任。让他参与到家庭事务中，培养他的自信心和责任感。同时，也要教导他如何处理情绪和解决问题，帮助他建立积极的生活态度。在这过程中，不要忘记给予他足够的爱和鼓励。无论他在成长过程中遇到什么困难，都要告诉他，你会一直支持他，相信他的能力。

除了这些，你还需注重自身的成长，比如自己的兴趣爱好的培养，当你把自己的思想、身体都照顾得很好时，他也能从你对生活的积极热爱中受到感染。比如，你可以对他说：

"儿子，妈妈现在决定每个周末去跑步，可是妈妈又担心自己坚持不了，所以邀请你协助我，陪我一起去，怎么样？"

"儿子，看，妈妈这个书法写得如何？我现在才感受到，你小时候，妈妈对你太严格了，书法可真不好练。"

"儿子，你小时候学过吉他，我现在对它也感兴趣，所以我决定了，我要在三个月内学会弹一首曲子，你能教我吗？"

......

总之，重建亲子关系需要时间和努力，但只要你保持耐心和理解，相信你和孩子之间的关系会变得更加紧密和美好。

问题3：我一陪孩子写作业就特别着急，然后就发脾气，怎么办？

答：我非常理解你的困扰，这种情况可能有七成的家庭都在上演。我知道，这让你感到很沮丧。以下是一些建议，希望能帮助你更好地处理这个情况。

（1）控制情绪。我知道这一步很难，但这就是解决你目前问题的最重要的办法。抛开在陪写作业中，期待的落差以及心理投射。当你面对孩子时，第一步要做的就是控制。如果你觉得让自己一下子冷静下来很难，那就先学着让自己不讲话，不做任何事，包括动作，只需保持沉默。哪怕此刻你的内心排山倒海，也请做到沉默。就这样保持10~15分钟，你的情绪基本会缓和一些。

（2）做正确的选择。问自己，是亲子关系重要，还是作业重要。你想发火是因为孩子这个人，还是他写作业的态度。目前是解决孩子在作业中遇到的困难重要还是指责批评他重要。请对这些问题做出正确的选择。

（3）降低期待。从你的信息中可知，或许曾经你对孩子缺乏了解，对他的期待值过高，导致你对他有过高的要求，这对他来说是一种压力。他无法达到你心中的标准，此时你就无法接受内心的落差，一种"我的孩子怎么会是这样"的念头就会涌上心头。其实，孩子还是自己的孩子，没有什么变化，不稳定因素是你的看法。前文中也有一些这类的方法，你也可以参考。对孩子的期待要合理且实际。

（4）查缺补漏。关注解决孩子在作业中遇到的问题，你需要陪伴他一起找到薄弱的知识点，针对这些知识点制订有效的学习计划。不明白的地方，如果你教不了，可以请教他人或是与班级老师沟通。

（5）与孩子"贴心"交流。与孩子进行开放且相互尊重的沟通是非常重要的。刚刚换学习环境的孩子面对新的老师、同学，还有与爸爸妈妈新的相处模式，加上两地还有教学方式的差异。对他而言，这些都是挑战。要让孩子感受到被爱、被理解、被支持、被包容和被接纳，而不是对他无休止地指责，这会让他觉得自己成绩不好就不值得被喜欢。长此以往，这对他人格的形成有非常大的影响。

希望以上建议能够对你有所帮助，祝你和孩子都能度过这个适应期，建立更加良好的家庭氛围。

第四章

"身为女儿"的焦虑:
每个她都有自己的"原牌"

找到内心的平衡和力量，
不惧自己的"原牌"。

　　女儿是一位女性最初的家庭角色。当女性扮演这一角色时，她将面临许多独特的挑战和焦虑。无论她处于人生的哪个阶段，从年幼到成年，身为女儿所承受的压力和期待常常是独特而复杂的。在本章中，我将与大家一起探讨女儿这个角色所带来的各种焦虑，以及我们该如何面对这些焦虑，找到内心的平衡和力量。本章将为你提供专业的心理洞察和实用的建议，让你感到你并不孤单。每个女儿都有自己的"原牌"，并且不惧自己的"原牌"。

第一节
SECTION 1

三种人生剧本，
你拿的是哪一种？

　　每个人天生自带剧本而来，有些剧本内容能修正，有些则修正不了。

　　人生如戏，在有限的生命里，每个人都在用自己宝贵的时间来演绎一场人生剧目。而每一场剧目都会有剧本，原生家庭就是每个人无法更改的剧本底色。

　　美国精神病学家艾瑞克·伯恩（Eric Beme）曾说，每个人的生活都遵循着一个预先设定好的脚本，一个在我们儿时就为我们写好的脚本。人生的脚本可能是悲伤的，也可能是成功的，它决定了一个人将如何与朋友相处，选择与什么样的人结婚，生几个孩子，甚至以何种方式迎接死亡。

　　我喜欢称这种脚本为剧本，因为每位女性对追剧的体验都不陌生。在剧本中，没有绝对的坏人，也没有绝对的好人。就如本书第三章中讲过的，我们每个人的身体里都有两只"狼"，这就是人性的双面性。这也提醒我们，遇到问题可以从多个角度去解读。就如同在每个剧本中，都可以觉察积极的部分，因为它有助于我们发展我们人格中的积极面，而觉察脚本中消极的部分，则有助于我们改变和进步。

为了更好地识别自己是否受到了原生家庭的影响，我设计了以下测试题。

测试题

关于你自己：

1. 你是否经常感到愤怒或自责？　　　　　是 □　否 □

2. 是否害怕被人依赖？　　　　　　　　　是 □　否 □

3. 是否经常有负罪感和羞耻感？　　　　　是 □　否 □

4. 是否较难关心自己和他人？　　　　　　是 □　否 □

5. 是否常常对自己做出消极且不切实际的评价？

是 □　否 □

6. 是否难以表达自己的情感，存在情感表达障碍？

是 □　否 □

7. 对过去的某些事情，是否很难原谅自己？

是 □　否 □

8.是否经常感到空虚，且缺乏自我约束力？

是 □ 否 □

关于你的父母：

1.父母是否常常觉得自己高人一等，并喜欢推卸责任？ 是 □ 否 □

2.父母是否要求你绝对服从，不允许你反驳，有时还会对你进行惩罚？ 是 □ 否 □

3.父母是否经常抱怨，导致家庭氛围压抑且不愉快？ 是 □ 否 □

4.父母是否表现出过度补偿的行为，时而对你很好，时而对你很差？ 是 □ 否 □

5.父母是否追求完美，容易焦虑，并且总是不满足？

是 □ 否 □

6.父母是否常常操控你，不如意时容易情绪失控，且毫不内疚？ 是 □ 否 □

7.父母提出要求时，理由是否总是"都是为你好"？

是 □ 否 □

8.父母是否总是看待事物悲观，充满消极情绪？

是 □ 否 □

　　根据测试，如果每组问题中有三个或三个以上的"是"，那么你就是受到了原生家庭的影响。这些问题需要认真对待，以便更好地了解自己。

　　在这里，先介绍几个概念，以便大家更好地理解本节中关于剧本环境的内容。

　　伯恩在《人生脚本》中将脚本的结局分为"输家""赢家"和"非输家"。

　　输家：未实现自己预设目标的人。

　　赢家：实现自己预设目标的人。

　　非输家：努力工作以实现平衡的人。

　　基于以上概念，我补充了以下内容。

　　输家：未实现自己预设目标的人，或是永远不满足的人。已有一些小成就，但内心极度空虚，无法平衡自己的内在宇宙的人（内宇宙是指心态）。

　　赢家：实现自己预设目标的人，或是未实现自己预设目标，但能平衡自己内宇宙的人。

　　非输家：此类人，知道自己无法成为赢家，但又不想成为输家，所以一直在奔跑，一直努力工作以维持这种平衡。

四种心理地位

精神分析学认为，孩子幼年时通过父母的教养与陪伴，会形成对自己与对他人的信念，特别是对父母的信念。这些信念会伴随其一生，可以简单总结为以下四种："我好""我不好""你好""你不好"。这当中的"我"，就代表自己，而"你"就是代表他人。

这四种信念组合构成了四种基本的心理地位，如表4–1所示。

表4–1 四种心理地位的类型与特点

类型	特点
我好，你不好	偏执、傲慢，爱对他人的事指手画脚，强势，爱挑他人的毛病
我好，你好	健康的心理地位，也是最佳的心理地位，乐观、积极、客观、充满爱，谦卑，拥有正确的价值观，自尊水平高
我不好，你好	抑郁的心理地位，总觉得自己低人一等，对周边的人与事的满意度低，自卑、消极
我不好，你不好	这是较为无意义的心理地位，部分精神分裂者是这种心理地位

本章仅对以上三种不健康的心理地位进行讨论。而健康的"我好，你好"的心理地位，要么是一出生就慢慢养成的，

要么是长大后通过不断学习，或是做过心理疗愈后才拥有的。

需要特别说明的是，四种心理地位可以出现在同一个人的一天之中，也可以阶段性地出现。

比如，A 早上是赢家，他处在健康的"我好，你好"的心理地位；到了中午，因为发生了一些事，受到影响，他未完成自己要做的事，此时他是输家，心理地位是"我不好，你好"，他就变成了讨好型的人；下午又见到了一些人，他努力社交，成了非输家，心理地位是"我好，你好"的健康状态；忙完一天，到了晚上，他总结自己的全天工作，发现自己是个输家，心理地位又转为"我不好，你好"或"我不好，你不好"的状态。心理地位会随着每天发生的事以及我们对事件看法的变化而变化。

讲解完概念，接下来就可以进入到剧本了。特别说明，本文中仅对不健康的心理地位所对应的剧本进行讨论。

不同剧本的父母组合一共分为六种，分别是：输家＋输家、输家＋赢家、赢家＋赢家、赢家＋非输家、输家＋非输家、非输家＋非输家。每一种组合，都有可能产生四种不同的心理地位的孩子。

基于多年的来访者数据，出现焦虑较多的是以下三种自我认知。

三种人生剧本

剧本一:"没人爱我"

父母均是人生的输家或非输家(父母是"输家＋输家"或"非输家＋非输家"的组合),他们有很多未完的梦想,他们好强、爱攀比,把自己未实现的"成功"强加在孩子身上。他们对孩子要求越严格,就越无法接纳自己的"无能"与"无力",他们想尽办法把孩子变成他们想要的样子,一遇到不如意的事,孩子就会面临严格的训斥,有时甚至会受到严厉的惩罚。他们常说的话是,"你怎么这么不争气""我都是为了你好""为什么别人的孩子怎样怎样"。

在这样的家庭长大的孩子,可能会出现"我不好,你好"的心理地位,他们成年后容易出现不懂拒绝、自卑、在意他人的评价与看法、总想得到他人的认可来证明自己的能力等情况,也常常会消极、抑郁、自尊水平较低。

我把这一剧本称为"没人爱我"的剧本,因为从小,父母都在对他提要求,如果达不到,得到的不是谅解、支持,而是惩罚。

剧本二："我不值得大家爱"

父母是"输家 + 赢家"、"输家 + 输家"、"非输家 + 非输家"和"赢家 + 赢家"的组合，这类父母常常极端化，有时对孩子特别好，有时对孩子特别不好，常常出现过度补偿，情绪化，爱指责、挑剔孩子等行为，也常会出现忽视孩子的状态。这让孩子感受到"我不值得大家爱"，即"我不好，你好"或"我不好，你不好"这两种心理地位。

拿到这一剧本的孩子，成年后特别容易感到生活无意义，从而出现抑郁、悲观、无力感，很容易呈现"破罐子破摔"的状态。

剧本三："我不去爱"

父母是"赢家 + 赢家"或是"输家 + 输家"的组合时，这种心理信念较常出现，但其他四种组合也会产生这种心理信念。

"我不去爱"的心理地位是"我好，你不好"或"我不好，你不好"。当"我好，你不好"与"我不去爱"相遇时，他们会觉得自己高高在上，冷漠、自负、高傲。他们觉得身边的人对他好是应该的。"我不去爱"一是不去爱他人，二是没有被人好好爱过，同理心弱。不去爱，除了觉得别人都不值得他去爱，他自己也害怕受伤，所以没有爱他人的能力。

当"我不好，你不好"与"我不去爱"相遇时，将形成极为消极的心理地位，他们"不去爱"是因为觉得生活是无意义的，这也是一种爱无能的表现。

第二节
SECTION 2
不被"原牌"控制，
你的人生你做主

为了保护个人隐私，本书中所有的案例均在真实案例的基础上进行了润色，以保护个人信息。若有雷同，纯属巧合。

触及底线，"割袍断义"又如何？

H 是家里的长女，出生于 20 世纪 80 年代的农村，家里还有一个妹妹和一个弟弟。父亲在村委会工作，母亲是一个农村妇女。父亲早年读了点书，会写一些公文，也算是他们那里的秀才。母亲爱打扮，也爱攀比，性格好强，极爱面子。为此，父亲常常被母亲数落。

20 世纪 90 年代末，全国兴起打工潮，母亲听说远房亲戚家的表哥表姐南下打工没多久，家里就置办了电器，非常眼馋。就与父亲商量，说 H 已经成年了，女孩子不用读多少书，反正以后也是要嫁人的。她想让 H 随亲戚一起去南方打工，既能贴补家用，又能养活自己，说不定还能在外面找个条件好的人嫁了，以后家里的日子就更好过了。

那年 7 月，H 随亲戚去南方打工，从工厂里的小学徒做起，每月一发工资，只留点生活费，余下的全寄回家。H 说，她当时觉得自己能赚到钱，能寄钱回家，是一件很骄傲的事。也因此，H 得到了妈妈从未有过的热情和关爱。

在接下来的日子里，她努力赚钱，为家里盖房子、装修，送弟弟读书，之后弟弟妹妹结婚，还要顾及家里七大姑八大姨的人情往来……

母亲只要有需要，当然大多也是钱的需要，H 有求必应，否则，母亲就会各种闹腾。在母亲的溺爱下，弟弟也成了永远长不大的孩子，永远是母亲的"帮凶"。

她来到我这里时，情绪极不稳定，也不想表达，但她意识到需要找人聊聊。我们第一次见面的前一个小时，她基本保持沉默。

在这个案例中，H 的父母皆是"输家"，而她承担起了父母必须是"赢家"的愿望与责任。成家后，她要无条件的在经济上支持原生家庭，导致与丈夫的关系有了隔阂，一度关系紧张。同时，她对外还要维持成功、幸福女人的形象。

她所担任的剧本角色是英雄角色，也称作"拯救者"。她认为自己没有权利快乐，只要母亲一开口，自己就必须达到她的要求。在 H 的世界里，原生家庭给她带来了严重的压迫感。她说，她也尝试过拒绝，但每次都禁不起母亲的一哭二闹三上吊，又一次次地妥协了。

美国心理治疗学家斯蒂夫·卡普曼（Stephen Karpman）在 1968 年提出了"戏剧三角形"理论，它是心理学和家庭治疗领域的一个概念。

"戏剧三角形"是指在人际关系中，特别是在家庭和团队中，人们常常陷入三种典型角色的轮换和循环之中。这三个角色是：

1. 受害者（Victim）：这是一个感到被伤害、被忽视的角色。受害者通常会试图寻求同情和关心。

2. 拯救者（Rescuer）：这是一个试图解决问题并拯救受害者的角色。救世主可能表现为过分关心和介入。在我的课堂上，我把这种角色称作"拯救者"。

3. 迫害者（Persecutor）：这是一个责备、批评或攻击他人的角色。迫害者通常会试图控制或指责受害者。

这三个角色之间往往是循环的，一个人可能在不同的情境中扮演不同的角色。这种循环会导致关系的不健康发展，同时它也阻碍了个体的成长和责任的承担。

在我们在解决人际关系的问题时，应避免陷入这三个角色。

　　在咨询中，我让 H 抽取关系卡方案，通过指引，她抽到的是"割袍断义"，即放手、放下、划清界限。

　　在阿德勒的个体心理学中有一个概念，叫"课题分离"。这个理念讲的是我们每个人都必须分清哪些是自己的事，哪些是别人的事，是谁的事就让谁负责，谁的"课题"就让谁处理。我们自己不越界，也不能让别人干扰我们的"课题"。

　　怎样区分是谁的"课题"呢？看行动的直接后果由谁来承担。在 H 的问题上，母亲与弟弟找她帮助，那是他们的"课题"，而答不答应他们的请求，是 H 的"课题"，除了 H 自己，谁也不能干涉。H 拒绝帮助后，母亲与弟弟会怎么想、怎么做，那又是他们的"课题"。

　　当母亲与弟弟向她提出越来越多的帮助要求时，H 在自己的能力范围之内，依照自己的意愿，可以提供帮助，也可以不提供帮助。而超出她的能力范围，就需与他们说明，那已是底线，她已无能为力，不是一哭二闹就能解决的。即在底线面前，需要清晰、坚定、明确的表态。这样也有利于母亲与弟弟的成长，也利于他们成为更好的自己。

　　我的建议是，H 需坚守底线，超出底线的部分，需要果断地拒绝。一个懂得拒绝的人更能获得他人的尊重。采取默认的态度，有时就是纵容，对方也会更加得寸进尺。记得之前网络上流行一句话，大意是，别人怎么对你，都是你允许的。

我们没有边界感，也就给了别人控制你的权利。要认真对待自己的"不适感"。我们的焦虑感都是对自我的一种保护。

建议 H 可以与先生商量扶持娘家的底线，这个底线是以不影响你们的生活与工作为前提的，然后可参考我前面讲过的建议与方法，与母亲进行沟通。沟通时，以尊重和感恩母亲，认同母亲的感受为主导，态度要温和且坚定，不要害怕谈崩，有些相处的规则，就是不破不立。

有些好，不用尽人皆知，问心无愧足矣

L 从记事起，就不记得父母长什么模样。从小，她一直与外婆一起生活。当然，她还有两个舅舅，舅舅家也有几个表兄弟姐妹。她的母亲是最小的，也是家里唯一一个女孩。听外婆说，母亲生完她，就不知去哪儿了，而她的父亲是谁，外婆从未提过。

小时候，她极为羡慕她的那些表兄弟姐妹，羡慕他们有父母的疼爱，哪怕有时会被责惩，但她觉得那也是爱的表

达。外婆在她八岁时生病去世了，至此，她生命中唯一向她嘘寒问暖的人也不在人世了。她说，那时候很多人劝她不要再住那个小屋了，说晚上阴森森的。她当时虽年幼，可也足够倔强，依然决定住在那间小屋。

外婆辞世后，大舅与二舅不得不抚养她。小小年纪，她为了避免成为"吃闲饭的人"，每次放学回家后，都努力干许多的家务活，但常常被表兄弟姐妹拿去"邀功"。小小的她寄人篱下，也就学会了不争不抢，并且察言观色的本领也越来越强。

长大后，在当地的小县城，她与丈夫一起开了一家小商品批发店，经营得还算不错。但两个舅舅与几个表兄弟姐妹总来"叨扰"。特别是她的几个表兄弟姐妹，每次在她这里讨了好处，都标榜在自己身上，而 L 就成了那个一直做好事的"空气人"。

L 心性好强，也未与丈夫提及太多自己娘家的事，用她的话来说，"谁都不想提起丢自己脸面的事"。

长期的敢怒不敢言，让 L 陷入了深深的焦虑中，她十分害怕过节，因为一过节就要回去看望舅舅们，一回去，就是他们表演的舞台。比如，大舅舅家新建的三层洋楼，她与丈夫来前后帮了一个多月的忙，不是贴钱就是贴人力，但舅舅只会与人说他子女的好，而她与丈夫的付出，仅是一句带过。可要是他们没有付出，流言就会肆虐，大家都会说她忘恩负义。幸好，丈夫是个老实人，不会因此想太多而对她不好。

L拿到的是"我不值得大家爱"的剧本。在L的成长中，她很少被好好关爱，因为未被好好爱过，所以她也从来没有过所谓的安全感。慢慢地，她成了"空气人"，长时间地被"家人"忽视，她感到了极大的委屈，但这种委屈与不安，又无法全然地让丈夫一起承担。这种情绪的长期积压，让她的脾气变得暴躁，特别是对待她的丈夫与孩子时，那种委屈变成了对他们的指责与挑剔。最糟糕的是，她的情绪波动深深地影响着她的身体，她常常无法睡个好觉。

在咨询中，我给她拿了六把椅子，椅子上分别贴上了她自己、爸爸妈妈、外婆、大舅、二舅、兄弟姐妹的标签，让她把想对他们说的话，尽情地表达。

在这个过程中，她泣不成声。我想压抑太久的人是会这样的。泪水也是 种和解的喜悦。

我对她说，有些好，不用尽人皆知，问心无愧足矣。人永远有一种能力，那就是"选择的能力"。对于过去的伤痛，我们可以选择一直抓住不放，也可以选择释怀、接纳。当你知道你未来的路与未来的目标在哪儿时，过去的那些伤痛，只会成为你的经历与经验，而这些，终将成就独一无二的你。

没有绝对的公平，但有绝对的信任

K 是一个正在为自己的身份感到焦虑的女性。

她原本有一个还算幸福的家庭，但父亲在她十三岁时去世，从此母亲就带着她与哥哥一起生活。那些年，母亲很辛苦，一天要做几份工才够他们这个小家庭生活。渐渐地，在忙碌中，兄妹两个慢慢长大。哥哥也已成婚，嫂嫂是哥哥的同事，爱打扮，也独立，只是哥哥在家里没有太多的话语权。

很快哥哥嫂嫂迎来了他们的第一个孩子，是个男孩。母亲很是高兴，为了帮哥哥嫂嫂减轻压力，母亲从老家来到城里，从此过上了带孙子的生活。婆媳间，是没有硝烟的战场。母亲常常感到委屈，就找 K 倾诉，慢慢就演变成，母亲拉着她一起，想让哥哥相信，她嫂嫂是如何不尊重母亲的。

家长里短，演员各不相同，但情节大都相似。K 在母亲长期诉苦的情况下，成功地成了母亲的"拯救者"，进入"戏剧三角形"的关系中，导致不能自拔，无法抽离，以至于与兄嫂的关系几度僵化，这也影响了 K 的生活。

她说，母亲绝对不会说谎，因为母亲一直是好强的人，她只是想捍卫母亲的尊严，为什么她的哥哥就是不能与她们站在同一战线？

K 拿到的是"我不去爱"的剧本，她常常退缩，或是被迫接受他人的意见。很明显，K 已经进入了非理性的关系。就"课题"而言，哥哥有没有与她们站同一战线，那是哥哥的"课题"，该由哥哥自己决定；母亲在哥哥家里生活得不愉快，与嫂嫂相处得不融洽，那是母亲的"课题"；K 自己的"课题"是，当母亲向她倾诉时，她要如何处理与反应。美国的心理学大师阿尔伯特·埃利斯（Albret Ellis）在他的"理性情绪行为疗法"中提到，人在三种思维模式下脾气会变差，且会感到极度的焦虑，分别是恐怖化、应该化、合理化。即当一件事发生时，你放大了事件的影响力（恐怖化），或觉得这件事理所应当（应该化），或觉得只有这样才是最合理的（合理化）。

在案例中，K 觉得哥哥"应该"与她和母亲站同一战线，那样才是"合理"的。而经过了解，母亲在这个过程中，也针对了嫂嫂，以致她们的关系不和谐。

一件事情怎样解决，要看这个决定是否有利于家庭。在本案例中，哥哥后来说，他没有站队是因为他不想这个家从此鸡犬不宁，如果他同母亲与妹妹一起指责自己的妻子，那于妻子而言定是不公，也会让关系更加恶化。而站队妻子一方，一起来指责母亲与妹妹，他同样做不到。他认为，说到底都是小事，包容与迁就一番就过去了。只是他的这种想法，一直都没有与 K 和母亲讲过。

K 的哥哥说，他绝对相信自己的母亲与妹妹是为他好，但因为信任就一定要给出一个公平的说法，他还没有那么"圆滑"。

埃利斯提出了情绪认知的 ABC 理论。其中，A（Activating event）即挑战（发生的事件）；B（Belief）即想法、意念（对事件的解读）；C（Consequence）即结果（对事件的决定）。面对挑战 A，我们会产生想法 B，继而导致结果 C。所谓 ABC 认知理论，就是通过调节 B 来获得更好的 C。K 与她的母亲在这件事上的 B（看法）出现了不理性与不客观的认知，而由此产生的感受、决定与行为也同样不理性和不客观。当我们换一个角度，质疑自己的 B（看法）时，得到的结果就会不一样。

最后，K 与哥哥商定，在小区的同栋楼中，另租一间给母亲住，白天他们上班时，孩子就送去楼上母亲家，每月他们给母亲一定的生活费，过节时一起吃饭聚餐。这个方案大大地改善了婆媳"合不来"的问题。当然也还会有一些小摩擦，但爱是能融化一切矛盾的力量，只要有爱在，一切也终会是大好的结局。

抱怨，是牢骚，不是方案

F 是位"90 后"的女生，结婚时受新冠疫情的影响，双方家庭都没有大办婚礼宴席。为此，F 的母亲一直觉得很吃亏。后来，母亲一直念叨让他们小夫妻再补办一次婚礼。F 说，她知道母亲的意思，母亲就是想把以前随份子的钱收回来，另一层意思，是想让所有亲戚都知道，她嫁得还不错。

可 F 的丈夫觉得再折腾一次没有必要，所以对此持反对态度。公婆又是甩手掌柜，觉得他们自己决定就好。

F 的母亲因为这件事一直不能如愿，所以每次在家上演"抱怨"大戏，从数落父亲开始，到他们刚结婚时公婆的刁难，再到近几年亲朋好友的各种"敲诈"。F 说，母亲的抱怨就像留声机一般，F 的头都要炸裂了。可她是独生女，母亲一有事就给她打电话。刚开始，还能找父亲来挡一挡，可时间一久，父亲也成了被数落的对象。

婚后，她做了全职太太，关于补办婚礼这件事，她自己确实做不了主。加上儿子还未满一岁，正是需要人照顾的时候。所以诸多事加在一起，她非常焦虑。

在接受咨询之前，她也受母亲的影响，一直抱怨先生、公婆、父母。

人在不满、不如意时，最容易产生抱怨情绪。抱怨是焦虑与恐惧情绪的一种表现。美国的心理学家和情绪智力专家珍妮·西格尔（Jeanne Segal）曾说，我们每个人每天都被两种感觉操纵，一种是爱，一种是恐惧。爱给人带来的是喜悦、奉献和快乐，而恐惧带给人的是战斗、躲避、不知所措。抱怨是攻击与逃避，并不是解决问题的办法。

要厘清 F 的焦虑并不难，她拿到的是"没人爱我"的剧本。在咨询中，我引导她通过书写的方式，找出了她最不想面对的几件事。一是想逃又逃避不了的母亲的抱怨；二是对于此事件，她左右不了先生的决定；三是婚后的生活，她全职带娃，遇到各种艰辛，没有被看见与呵护；四是她对自己有了错误的认知，觉得自己是一个无用的人。她的心理地位是"我不好，你不好"。在前文已提到过，出现这种心理认知的人会感到很多事毫无意义，缺少生机。

经过尝试认知疗法、自我关怀冥想、课题分离、完形表达等方法后，F对自己有了更积极的认知，逐渐回归到健康的"我好，你好"的心理状态。

常见问题解答

问题1：嫁了父母不喜欢的人，多年与父母的关系不融洽，如何修复？

答：任何关系，只要真心想修复，并且采用互相尊重与理解的方式，就一定能修复。每个人都有年少"一意孤行"的时候，而每个人当初的选择就算是错的，父母也可以无条件地包容。直到我们自己为人父母，才能体会那种"天下父母心"。

若我们做好了心理准备，真心地想要修复关系，可以采用面对面或是书面方式，把过去的心结解开一些。在我的学员中，有些人在处理这类关系时，用的是写信的方式，效果很不错。但前提是，表达的内容不可含有指责及评判的意味。

我想这个问题在实际处理时还是有很大挑战的，要修复多年不和谐的关系，首先就是要直接面对。若当年的事一直没有被正式提及，那么那根刺会一直在。这里说的直接面对，是指我们自己要有积极的心态去面对。父母当初不同意我们的选择，出发点是不希望我们嫁给不负责的人，想以他们的人生经验为我们做选择，初心是爱。因此在沟通时，先要肯定父母，认同他们当初"为我们好"的心态。

其次，对当年自己在父母眼里的不成熟行为而真诚道歉。真诚的道歉，不是简单地说声对不起，而是需要表达我们是真心深爱着他们的。

最后，请求他们的谅解与包容。解铃还仗系铃人。天下大多数的父母都希望自己的子女能幸福，相信你的父母也一样，他们也希望能有一个人，能为你挡风遮雨，给他们的女儿更好的生活。我们想与父母修复关系，不是为了证明谁对谁错，而是希望大家从此都能感受到爱，能让我们的家庭充满爱，我们的精神幸福感更加饱满，让我们的人生没有遗憾。

如果已做出努力，仍然得不到父母的原谅，我们也需要坦然接受，并试着给父母与自己多一点时间，无须过于执着。

问题 2：没有活成父母想要的样子，如何应对团圆饭桌上的数落？

答：害怕数落的真正原因是什么？父母想要的样子又是什么样子？

我们常常活得小心翼翼，因为很多人是活在别人的眼里、言论里。其实，这个世界没有人能伤害你，除非你允许。

害怕被数落的本质，是自己不敢面对自己的失败。更确切地说，我们自己对于失败与成功的认知产生了偏差，我们在潜意识中，觉得自己活成他们想要的那个样子就是成功。

当然，其中还有一部分是我们很想被尊重，希望被看见、被认可。当一直被数落时，我们会感到失落与尴尬。人是社会的产物，每个人都需要社交，所以有这种焦虑感很正常。

有一个方法可以有效地缓解这一心理。这个方法叫"耳旁风"。即父母数落时就让他们数落，我们自己当"耳旁风"即可。

家，不是一个争输赢的地方，作为晚辈，我们不争，是对长辈的尊重。我们的包容，更是体现了我们的成长，体现了我们思维方式的成熟，这是一种强大的表现。当然，我们自己也要对"成功"与"失败"有一个客观的认知，最忌讳的就是掉进攀比的陷阱中。生活是自己的，这个世界，很多人与事都可以被取代，而你在你的人生中无可替代。

问题3：我是独生女，现在已经生了一个女儿，父母一定要我生二胎，怎么办？

答：我身边很多人也是如此，老人一直逼着生二胎，小两口根本就不想再生，以致带来许多矛盾，到最后，心结越来越深，甚至有的都发展到像是仇人一般。

现在生活成本高，养育一个孩子所花费的人力与物力已不是老一辈所能理解的，所以在此问题上有矛盾很正常。

在这个问题上，有两种解决方式。一种方式是开门见山，直截了当地沟通解决。先肯定老人想要你们生二胎的初心是为你们好，也认可老人想在身体硬朗时为你们分担带孩子的重担。同时告诉他们你们不想生二胎的真正原因，尽力得到他们的理解。

另一种方式是在尊重他们的前提下听之任之。把关注点放在认可老人与让老人开心、放心上。告诉他们，生二胎这件事会顺其自然，目前是不想要，说不定过几年就想要了。一切以家庭氛围的和谐为主，但不是只有答应了他们的要求才能和谐。所以在这个层面上，夫妻之间要有一个正确的认知。

问题4：家里有"瘾"者，情绪时好时坏怎么办？

答：在精神疾病中，有一种叫作双相情感障碍，患者以情绪显著而持久改变为特征，情绪时而高涨，时而低落。问这个问题的学员，她父亲一喝醉酒就性情大变，爱数落与责备人，还喜欢砸东西，他自己也知道不能喝酒，但又忍不住。作为亲属，这种情况一定要重视，双相情感障碍是一种严重的精神疾病，需要接受治疗。当然，精神方面的疾病大多与心情有关，与自己对事件的看法与解释有关，若能改变自己的看法，保持心情愉悦，放下心中的执念，就会有改善。

除了去医院看医生，以下几条建议希望对有此类困扰的你有所帮助。

（1）做情绪记录。每天进行情绪的记录，而记录是为了提高情绪识别与表达能力，也可以起到监控情绪波动的作用。

（2）家里不买或是少买酒，也让患者远离酒友，起到"隔离"的作用。

（3）加强身体的锻炼。锻炼有助于身体分泌血清素与多巴胺，有助于情绪的稳定，所以最好能养成每天锻炼的习惯。

（4）目标感引导。给患者制定切实可行的目标，让其找到生活的意义，尽可能让其忙碌起来，让生活更加充实。生活中很多的坏情绪大多是由胡思乱想引起的。

（5）循序渐进。无论是戒什么"瘾"都需要慢慢来，本例中的酒瘾患者不一定需要完全戒酒，而要从一点点控制开始，让"瘾"保持在可控制的范围内便好，慢慢地就能够战胜它。

问题5：童年遭父母遗弃，如何调节充满仇恨的我？

答：对于童年遭受过此类创伤的人，内心充满仇恨是正常的。但仇恨是我们前进路上的绊脚石，你越想踢它，自己就越容易受伤。内心充满的仇恨时，我们提倡拥有宽恕之心，但并不是说所有的过错都可以被宽恕，更不是否认法律、公正在社会生活中的重要性。在人与人之间的关系中，宽恕是一种积极、正面的心理能量。因此，宽恕那些伤害我们的人，能使我们更加卓越、优秀、快乐和幸福。

因此，我建议你可以站在父母当时的立场，试着去理解他们，并不一定要立刻做出原谅的决定，可以多给自己一些时间。此外，你也可使用认知行为疗法的 ABC 模型，换一个角度来思考。

需要特别提出的是，宽恕他人时，我们也要打破"自我宽恕定律"。由于人性中趋利避害的特点，我们总是很容易忽略自己的失误，理解自己的过错，轻易地原谅自己，甚至会把责任推卸给他人。这种现象，在心理学中被称为"自我宽恕定律"。生活中的很多矛盾和误解就是这个定律造成的，所以我们也要"以责人之心责己，以恕己之心恕人"。对人对己，只要多一些理解，多一分宽容，就能收获更和谐的人际关系。

第五章

"变美变飒"的焦虑：
每个她都可以"痛快"做自己

　　我们永远有"变美变飒"的资本与权利，只要我们想，我们就可以"痛快"做自己。

　　前段时间，我如往常一般随手打开资讯平台，想看看有什么热点新闻。其中有一条关于"我们就应该有这样的老师"的新闻引起了我的兴趣。点开一看，原来是一位老师发现几位学生在嘲笑某位同学的妈妈"丑"与"土"。因此，这位老师就对他们展开了一次深刻的教育。

　　哪位妈妈没有年轻过？哪位妈妈不喜欢美与时尚？只不过在岁月变迁中，她们把一切都奉献给了家人和孩子。她们永远有"变美变飒"的资本与权利，只要她们想，她们就可以"痛快"做自己。

第一节
SECTION 1

五种人格特质，
你属于哪一种？

为了更好地了解我们自己，我给大家总结了五种有代表性的人格特质，大家可根据个人情况，看看自己属于哪一种。

冒进型

释义： 冒进型的人通常冲动、缺乏计划、做事不考虑后果。他们可能在决策上缺乏耐心，更容易被即时的欲望或情感所驱使。

代表行为： 常常做出轻率、冲动的决定，缺乏长期规划，容易受到外界的诱惑。

高频时的特点：

敢于冒险，对新事物充满好奇心。

生活充满激情和活力。

低频时的特点：

缺乏长远计划，容易受到瞬时冲动的影响。

风险管理意识较弱，可能导致不可预测的后果。

典型表现：

无计划地购物、旅行。

在职场中表现为频繁地更换工作。

固执，听不进他人的建议。

常常说做就做。

讨好型

释义：讨好型的人通常注重他人对自己的看法，追求别人的认可和喜欢，他们通常会选择牺牲自己的需求来满足他人。

代表行为：避免对立冲突，不愿意表达自己真实的感受，可能会过于迎合他人而失去了自我。

高频时的特点：

与人相处融洽，关系和睦。

善于合作，对团队合作有积极作用。

低频时的特点：

过度迎合，导致自己的需求被忽视。

难以表达真实感受，可能导致内心的纠结。

典型表现：

避免与他人产生冲突，经常选择妥协。

对他人的意见敏感，难以坚持自己的立场。

超强的同理心，体谅他人。

待人友善，经常做老好人、和事佬。

没有自我，一切围着他人转。

易被周围的环境与人同化。

内卷型

释义： 内卷型的人往往对自己要求非常高，追求完美，可能过度投入工作或学业，以达到自己设定的高标准。

代表行为： 过度工作，难以满足自己的要求。因为自我要求过严而忽视自己的真正需求。

高频时的特点：

追求卓越，完美主义，有强烈的责任心。

能够在工作和学业上取得显著成就。

低频时的特点：

自我要求过高，难以接受失败。

过度工作，导致身心健康问题。

典型表现：

完美主义倾向，难以满足自己的现状。

为了工作、学业或是自己想达到的生活品质，牺牲休息和娱乐时间。

工作狂，对每一个项目都要求尽善尽美。

有时感觉有点不近人情。

无法原谅自身的不足。

自律，强势，上进心强。

安逸型

释义：安逸型的人更倾向于避免冲突和压力，寻求舒适和安逸。他们可能不愿意承担风险，更喜欢保持现有状态。

代表行为：避免挑战，不太想改变，对变化感到不安，可能会在舒适区域内停滞不前。

高频时的特点：

追求稳定和安逸的生活。

容易满足，合群，乐观。

对于维持和平和人际关系有一定的贡献。

低频时的特点：

一味地避免风险，导致生活过于保守。

难以适应变化，可能产生不适感。

容易一成不变。

典型表现：

不愿尝试新的活动。

回避困难对话，避免冲突。

喜欢平静安逸的生活。

对现状满意度较高。

乐观，随和，有耐心，宽容。

抑郁型

释义：抑郁型的人更容易感到沮丧、悲观。他们可能更关注负面的情绪和经验。

代表行为：可能对事物持悲观看法，更容易受到负面情绪的影响。

高频时的特点：

对细节敏感，善于深度思考。

有较强的艺术和文学天赋。

低频时的特点：

更容易感到沮丧和消极。

对未来可能存在的困难持谨慎态度。

典型表现：

较多愁善感，难以控制情绪。

常常感到沮丧、消沉、无助和绝望。

过度批评自己，对自己的能力和价值产生怀疑和否定。

不愿意与他人交流和互动，喜欢独处。

对事物难以提起兴趣，失眠或过度睡眠。

注意力难以集中，易感到疲倦、无力和精力不足。

想象力丰富，可能在艺术、文学和创意领域表现出色。

再次强调，每种人格都有其独特之处，人格本身并无好坏。每个人都拥有这五种类型的特质，只是在不同场景、不同年龄的表现有所不同，常常更倾向于一种或多种特点。

希望通过对人格特点的简单了解，我们可以更好地自省与了解他人，在自己的生活与工作中呈现更健康、更平衡的状态，提升人际沟通，实现个人成长。

第二节
SECTION 2
每个她都拥有"变美变飒"的资本

每个女人的内心都有一种力量推动其不断成长。有的人是为了孩子、家庭，有的人是为了自己。新时代的她们，更加独立，更加勇敢，更加智慧，也更加美丽。

比经济独立更重要的是精神独立

青儿曾是我的一个学员，我平时喜欢宅在家里，再加上搬过几次家，因此后来很少能遇到她。生活过的地方总会让人怀念。有一次周末，孩子们很想去以前居住过的地方附近的商场逛逛，我也正好有空，于是就答应了。

没想到，在商场的一楼大厅，我遇到了她。她非常热情，精神焕发，拉着我要去星巴克喝咖啡。我说孩子要去楼上逛逛，她匆忙地说她女儿在二楼的儿童乐园玩，一边说着，一边打电话给她女儿，让她下来带着两个弟弟一起玩。盛情难却，我明白应允她比拒绝她更让她有成就感，更能让她快乐。

她是一个有心的人，问过我的喜好就去点餐了。不一会儿的工夫，她就拿着单牌，满脸笑意地坐到了我的对面。

"张老师，好久不见啊，双胞胎都长那么大了。长得可真好，哎呀，还是你会养孩子，看，养得那么好……"

"是啊，好久不见了，一切还好吗？"

我们简单寒暄之后，她给我讲起了她这些年的不易。她说她一边带着女儿，一边开店，以前是全职太太，总要看丈夫的眼色花钱，现在不一样了，自己能自食其力。她听了我的话，相信女人就是要有自己的事业，这样就不会胡思乱想了。现在，她人也自信了许多。

我问她，现在夫妻相处得如何。她说，孩子大了，关系也就那样，都老夫老妻了。但说心里话，内心还是希望丈夫把她当公主的，虽然已一把年纪。近几年，实体经营不景气，她虽自己开着店，但赢利不多。好在她能有一份属于自己的事情做。

交流中，她说她仍旧很焦虑。她说，为什么她现在有了自己的事情做，情绪还是会因丈夫的反应而阴晴不定？为什么自己总受丈夫影响，只要他一个电话，说要做什么事，她就要放下她的事，优先完成丈夫的？

这是很常见的情况。在经济独立之前，要先做到精神独立。青儿在经历了一系列生活变化后，变得更加独立和自信。然而，尽管她现在经济上有所独立，但在精神上仍然依赖于丈夫的认可，这导致她感到焦虑和不满。

什么是已婚女性的精神独立？精神独立意味着女性能够独立思考、决策和应对生活中的挑战，不过度依赖外部认可或他人的意见，不活成他人的附属品。

案例中青儿的依赖可能源于她对自己能力和价值的不确定，以及对丈夫态度的过度关注（这可能与她是讨好型人格有关）。这种情况在已婚女性中极为普遍，它可能会削弱女性的自信心和独立性。

那我们要如何帮助自己精神独立呢？以下是我的一些建议：

（1）自我认知和接受：如案例中的青儿一般，她需要意识到自己对丈夫的依赖，并接受这一现实。她可以通过反思自己的情感和行为，了解自己真正的需求和价值观。

我为什么这么在意对方的需求与看法？

因为他赚的钱多，所以他的决定很正确？

因为我感到自卑，所以很多事需要依赖他才能做好？

因为我想被他看见，被他重视，所以就要迎合他，活成他想要的样子？

因为我不自信，觉得他因工作能接触到更多异性，所以我想表现得听话些，让他觉得我特别温婉贤惠？

……

（2）发展个人的兴趣和爱好：青儿可以通过培养个人的兴趣和爱好来丰富自己的生活，拓展交际圈，增加独立性，不再完全依赖于丈夫，不至于手机一响就以为是丈夫找自己。志趣相投的朋友的陪伴能缓解女性精神上的孤独感。根据个人的喜好，可以做的事情有很多，比如阅读、画画、插花、品茶、学乐器、练习书法、做运动、看电影、看演出等。不同的兴趣有助于结交不同的新朋友，开阔自己的眼界，走出舒适圈，并丰富自己的精神世界。

（3）交知心的朋友：广交朋友，再重点发展真正的益友。他们可以提供支持、鼓励和建议，帮助女性摆脱对丈夫的过度依赖。

（4）设定界限：有一本书叫《界限：通往个人自由的实践指南》，作者内德拉·格洛佛·塔瓦布（Nedra Glover

Tawwab）既是作家也是从事了 14 年心理治疗的心理咨询师。她总结了 14 年来的工作经验。她说，来她这里咨询的患者，大多数人的心理问题都是由界限不清造成的。书里给界限下了一个定义：界限就是分寸感，界限就是对所有权的认知。任何人侵犯你的所有权，都可以算是侵犯了你的界限。

（5）创建一个属于自己的空间：这个空间可以不大，但一定要有。就如同维吉尼亚·伍尔夫（Virginia Woolf）在《一间自己的房间》所说的，女性"不必行色匆匆，不必光芒四射，不必成为别人，只需做自己"。而做自己，就需要有一个属于自己、不被打扰的地方，以供思考。这个地方可以是任何一个地方。

只有努力在精神上脱离对他人的依附，才能成为更加独立与自由的自己。

姣好形象的背后，是严格的自律

你在意自己的外在形象吗？

你认为姣好的外在形象的标准是什么？

什么形象是最好的呢？

你是否羡慕别人的身材？

你是否常常说自己不吃，要减肥，但就是减不下来？

你是否思考过"女人是形象重要，还是才华重要"的相关问题？

你是否管理自己的体重、健康，提高审美能力、服装搭配等技能？

医美盛行的今天，如果没有经济的限制，你会尝试用医美来让自己变得更漂亮吗？

如果可以肆意畅想，我想每个女人都希望自己可以才貌双全。

我在课堂上做过调查：在倾国倾城的外在与才气逼人的内在之中二选一，大家会选什么？结果就是，选前者的占了83%。

问其缘由，大家说，当下是一个颜值高很受优待的社会，其他条件一样的情况下，养眼的更容易被选择。而且，大家一致认为，拥有姣好的外在要比有才气来得更容易，内在需要更多的时间与努力才能积累。我们一起来看看下面的故事。

小月今年32岁，宝宝刚满周岁。她在怀孕期间非常小心谨慎，不仅担心宝宝营养不足，还担心自己的体重增加过快。然而，婆婆却不想让孙子输在起跑线上，每天想尽办法给她补充营养，尽管她身高不到 160 厘米，但她的体重却被补到了近 150 斤（1 斤 =500 克）。

整个孕期，小月常劝自己说一切都没关系，做人不能太过辛苦，特别是在 10 个月的"女王"阶段。结果到临产时，体重只升不降。

幸运的是，她肚子里的孩子确实白白胖胖的。小月产下一个男宝，体重九斤多，小宝的小名就叫九九。产后，她怕身材走样，拒绝母乳喂养，这引起了不少是非。

为了减肥，她买了很多专业用品，也报了许多训练班。她告诉自己，一定要瘦回 100 斤以内。她是偏冒进型人格的人，只要周围的朋友说哪个方法管用，在经济条件允许的情况下，她都会去尝试。但几乎都坚持不了多久，就选择放弃了。

下面是我们的部分对话。

小月：张老师，我感到很烦躁，觉得什么都不好。

我：因为什么事？体重吗？

小月：嗯，一直想减肥，但就是减不下来。

我：所以你感到沮丧？

小月：是的，我觉得我可能再也回不到以前的体重了。

我：回不到以前的体重让你很焦虑？

小月：是的，非常焦虑。

我：你在担心什么？（我拿出一张表，让她写出10个因减肥不成功带来的困扰。）

小月写的内容如下：

担心自己因为生孩子变丑，身材走样。

担心别人说她难看。

担心因为形象失去很多机会。

担心被别人数落。

担心老公不想带她出门。

担心老公嫌弃她。

担心老公不爱她。

担心老公喜欢看外面的美女。

担心老公有外遇。

担心婚姻不和谐。

在这10个原因中，没有一条是因为自己。小月想要变好看，最主要的是为了老公，然后是为了别人，但没有为了自己。当然，这一切也都是为了自己。因为她想控制，控制她的家庭、人际关系，让一切都在她的掌控范围之内。然而，当我们逆向思考这些问题：减肥成功，这 10 个担心也并不是不会发生。

女为悦己者容，更应以自悦为本。

其实减肥并没有想象得那么难，关键在于不贪心。这是一种自我控制的能力，也称"自律"。那些拥有外在美的人，背后是多年来对自己的严格要求。姣好的形象只是这个结果呈现的形式，就如同"台上三分钟，台下十年功"一般。没有哪一种美不需要付出代价，而这代价之根本，便是克制。

想要减肥变美，一定不要贪心，可以把达成目标体重的期限拉长。例如，可以让自己一年瘦 2 斤或 5 斤，然后分解目标，一个季度瘦 1 斤，这样慢慢来。若真的减肥成功了，则更需要克制，也需要更严格的自律。正所谓"打江山易，守江山难"，任何事均是如此。

阅读是终身优秀的开始

什么是最廉价的成长方式？

什么成长方式对时间与场地的包容性最强？

什么方式可以让我们不用打招呼，就可以与各种名人交流？

什么方式可以让我们以最短的时间获得他人多年总结的经验？

什么方式可以成就我们无尽的想象？

什么方式可以让我们在很多行业从"小白"到"专家"？

什么方式可以实现自己与自己的对话，进行一次灵魂的拷问？

什么方式可以让我们越来越优秀？心灵越来越富足？

什么方式滋养出的美无可取代？

答案：阅读。

正如第三章讲到的，每个人都知道阅读很好，读书是一件很美好的事，但它很难。社会与家庭赋予我们的多重身份，使我们的注意力所剩无几，但阅读可以让女性由内而外地成长，这是我们实现"终身优秀"的开始。

"阅读"是一种向内求索的过程。当你手捧一本书，坐下来阅读时，你便远离了外在的嘈杂，走进了心灵的宁静，你将会开始不一样的灵魂锤炼。

如何培养自己的阅读习惯呢？方法如下。

（1）找到兴趣点：每个人都有自己感兴趣的领域，可以从这些领域开始阅读。无论是小说、传记、历史还是心理学，只要是自己感兴趣的，都可以成为阅读的起点。

（2）设立阅读目标：给自己设立一个阅读目标，比如每个月阅读一本书，或者每周阅读一定篇幅，或者每天只读一页。坚持下去，只要执行了，就有收获。

（3）利用碎片时间：生活中总会有一些碎片时间，比如等车、排队、午休等，这些时间可以用来阅读。只要随身携带一本书或者下载一款阅读应用，随时随地就都可以阅读。我的习惯是随身带一本书，书的内容大多短小精悍，每次读完都能引起思考。此外，我经常选择经典诗词类，或是短篇小说集进行阅读。我个人还是喜欢纸质书，因为纸质书能给我带来更多的思考，让我收获更多，并且阅读时心灵也更加平静。

（4）与他人分享：将阅读的心得与他人分享，可以加深对图书内容的理解，也可以增加阅读的乐趣。可以加入书友群或者参加读书会，与他人一起交流阅读心得。

哪些书适合女性阅读呢？

原则上没有什么局限，只要让自己开始读起来，读进去就可以。但从功能上，可以先从实际需要、兴趣、情怀等方面着手。

比如，你目前特别想提高沟通技巧，就先选择沟通技巧类的书读，满足刚需。

如果目前你没有特别实际的需求，只是想让自己爱上阅读，那可以从兴趣出发，比如先选可读性强的经典文学类著作。经典小说中有完整的故事情节，可以帮助我们更好地坚持。但是每读完一本小说，尽可能写一些读后感，可以是任何感触，但请不要评判自己写的内容。此外，你也可以随性，想读点什么就读点什么，也可以同时读好几本书。

对于没什么阅读习惯的朋友，我建议可以从人物传记或是名人名言入手。这有助于你既能用最短的时间看完他人的一生或是思想精华，又可以从中学到许多宝贵的经验和哲理。

关于阅读，也为大家推荐三本书——《如何阅读一本书》《读懂一本书》《跨越不可能》。其中《跨越不可能》一书的作者在书中提到的"如何获取知识""读通五本书"等内容，特别推荐给感兴趣的朋友。

以下是我给大家的关于阅读的建议。

（1）小说类：包括文学经典、畅销小说等，可以帮助女性放松心情，提升情商。

（2）传记类：讲述成功人士或者有趣人物的故事，可以激发女性的勇气和动力。

（3）心理学类：可以帮助女性了解自己的内心世界，有助于提升情商，让自己的内心更强大。

（4）励志类：包括人生哲理等，可以帮助女性树立正确的人生观和价值观，对生活充满热情和信心。

（5）历史类：历史书能够让女性了解过去的故事和事件，从中汲取智慧和经验，拓展自己的知识面。

（6）心灵成长类：这类书包括自我成长、情绪管理、人际关系等方面的内容，可以帮助女性收获更多心灵排解的技巧，能更好地应对生活中的挑战和困境。

（7）散文随笔类：散文和随笔作品通常具有深刻的思想和感悟，能够引发读者的共鸣和思考，适合女性在闲暇时阅读，享受文学的魅力。

（8）科普读物：科普读物涉及各个领域的知识，可以满足女性对世界的好奇心，开阔视野，增长见识。

（9）文化艺术类：包括文学、艺术、音乐、电影等方面的作品，能够丰富女性的文化修养，提升审美情趣。

（10）儿童文学：尽管是儿童文学，但其中蕴含的温暖、纯真和希望，对成年女性也具有启发和感染力，能够让她们重拾童年的快乐和幸福。

另外，如果你真的不喜欢看书，觉得太无趣，也可以选择一些质量高的纪录片或是知识访谈节目来补充自己的新知。只要找到适合自己的阅读类型并持之以恒，每位女性都能够在阅读中获得真正的乐趣，也能不断丰富自己的内心世界，最终走向"终身优秀"。阅读是终身优秀的开始，只要你愿意，你就能发现自己原来可以这么美。

安全感的真正给予者是自己

常常被挂在嘴边的安全感，到底是什么？你拥有安全感吗？请完成以下评估。

在以下问题中选择与你最符合的选项：

1. 我相信自己可以独立面对生活中的挑战和困难。

  A. 经常是这样

  B. 有时是这样

  C. 很少是这样

  D. 从不是这样

2. 我能够在人际关系中表达自己的需求和边界，而不是一味地迎合他人。

  A. 经常是这样

B. 有时是这样

C. 很少是这样

D. 从不是这样

3. 我能够接受自己的缺点和不完美，而不是过度自责或自我怀疑。

A. 经常是这样

B. 有时是这样

C. 很少是这样

D. 从不是这样

4. 我相信自己有能力应对变化和挑战，并且可以适应不断变化的环境。

A. 经常是这样

B. 有时是这样

C. 很少是这样

D. 从不是这样

5. 我在社交场合中感到很自在，并且能够与他人建立积极和健康的关系。

A. 经常是这样

B. 有时是这样

C. 很少是这样

D. 从不是这样

6. 我能够坦然面对自己的情绪和感受，而不是将它们压抑或否认。

　　A. 经常是这样

　　B. 有时是这样

　　C. 很少是这样

　　D. 从不是这样

7. 我有一个支持我的社交圈子，可以在需要时寻求帮助。

　　A. 经常是这样

　　B. 有时是这样

　　C. 很少是这样

　　D. 从不是这样

8. 我对未来充满信心，并且相信自己能够实现个人和职业目标。

　　A. 经常是这样

　　B. 有时是这样

　　C. 很少是这样

　　D. 从不是这样

9. 我能够接受他人的批评和反馈并从中吸取经验教训。

　　A. 经常是这样

B. 有时是这样

C. 很少是这样

D. 从不是这样

10. 我感到自己在人际关系中被接纳和尊重，而不是感到被孤立或排斥。

A. 经常是这样

B. 有时是这样

C. 很少是这样

D. 从不是这样

分析与建议：

以上每个问题，选择"A"得1分，选择"B"得2分，选择"C"得3分，选择"D"得4分。将每个问题的得分相加，得到总分。

总分越低，表示你的安全感越强；总分越高，表示你的安全感越弱。

如果你的总分在10分左右，说明你具有较强的安全感，能够自信地面对生活中的挑战。

如果你的总分接近40分，就需要采取一些方法来增强安全感，如通过自我接纳、建立健康的人际关系等

方式 [1]。

什么是安全感？安全感是个体对可能出现的身体或心理的危险或风险的预感，以及个体在应对、处置危险或风险时的有力感或无力感，安全感主要表现为确定感和可控感。

安全感是一种感觉、一种心理，是一方的表现带给另一方的感觉，是一种让人可以放心、舒心、可依靠、可信任的感受，它通常可以通过个体的言谈举止方面表现出来。

安全感不仅体现在爱情中，也体现在亲情、友情等各种人际关系中。一个人对另一个人有安全感，意味着他信任对方，并且相信对方不会做出伤害自己的行为或决定。这种信任感可以让人在相处时更加放松、自在，不必时刻提防对方，担心被攻击或背叛。

在心理学中，安全感通常与个体的心理健康和人际关系的质量密切相关。女性若缺乏安全感，可能表现出焦虑、紧张、多疑等负面情绪和行为，这会影响她的人际交往和日常生活。因此，建立和维护安全感对于女性的心理健康和人际

---

[1] 这个测试仅用于读者了解自己的安全感水平情况，不作为专业的心理认定。希望大家能通过这个测试对自己安全感状态做一个初步的内观，从而采取适当的措施来提升自己的心理健康状况和幸福感。

关系的发展至关重要。

如何建立安全感呢?

有一种现象是,在遇到问题时,我们习惯性地向外去寻找答案。然而,真正的答案往往是要向内看才能找到的。

小李是一位典型的现代都市女性,她在工作中表现出色,但她总是担心自己的地位不稳固,害怕被同事取代。因此,她常常加班到深夜,以证明自己的价值。在感情上,她虽然渴望与伴侣建立稳定的关系,但总是因为害怕受伤而不敢全心全意地投入。她的这种不安和焦虑感,让她的婚姻一直处于不稳定的状态。

直到有一次,小李的公司进行了一次重大的人事调整,她担心自己被裁。同时,丈夫也因为工作原因被调往外地,两人的关系开始变得疏远。双重打击让她感到前所未有的焦虑和不安,她开始怀疑自己存在的价值,甚至产生了轻生的念头。

从咨询中,我得知小李的不安全感源于她在童年时期缺乏父母的陪伴和关爱,以及在成长过程中形成的一种心理防御机制。她通过追求成功来填补内心的空虚,但这种外在的成功并不能解决她内心的问题。

从心理学角度来看，小李的不安全感主要源自以下几个方面。

（1）早期家庭环境的影响：家庭是个体安全感建立的重要场所。小李在成长过程中缺乏家庭的温暖和支持，导致她对人际关系和爱情产生了恐惧和疑虑。

（2）自我认知的偏差：她过度关注自己的不足和缺点，忽视了自己的优点和价值，从而形成了消极的自我认知。这种自我认知进一步加剧了她的不安全感。

（3）应对方式的单一性：从案例中得知，小李在面对不安全感时，采取了过度努力或逃避的方式，缺乏有效的应对策略。这种方式不仅无法真正解决问题，还可能导致问题进一步恶化。

在人生的旅途中，每个人都在寻找一种被接纳、被认可的感觉，那便是安全感。然而，若总是在外部世界寻找这份安全感，徒劳无功的可能性最大，因为这样的安全感取决于他人给或不给，而真正的安全感的给予者是自己。

小时候，孩了渴望父母的关爱，希望在他们的怀抱中找到安全感。长大后，这份渴望转移到了伴侣、朋友身上或者职场中。我们期待外界的认可和赞许，希望通过别人的眼光来肯定自己的价值。然而，当我们将安全感寄托在外部时，往往会陷入焦虑、失落和不安之中。

真正的安全感并不是外部世界可以给予的，而是一种内心的满足与觉知。它源于对自己的信任和接纳，是对自我价值的认同和尊重。当我们学会从自己的内心寻找安全感时，就意味着我们拥有了一种强大的内在支撑，无论外部环境如何变化，我们都能够坚定地面对挑战。

如何才能让自己成为安全感的真正给予者呢？

首先，要学会接纳自己的情感和内心体验，不要逃避或否认自己的情绪，而要勇敢地面对并与之对话。只有当我们与自己建立起真诚的连接时，才能体会到内心的平静和安宁。

其次，要建立自我价值的内在基础。这并不意味着追求完美或者不断地寻求外部的认可，而是要了解自己的独特之处，珍视自己的才华和品质。每一位女性都是独一无二的，我们应该以积极的态度去发掘和发展自己的潜力。

最后，要学会满足自己的需求。不要将自己的幸福寄托在别人身上，而是要学会照顾好自己，给自己带来快乐和满足。无论是通过阅读、旅行、运动还是创造，都可以找到属于自己的安全感之源。因为安全感的真正给予者，永远是自己。

常见问题解答

问题1：为什么我在职场中总被人忽视？

答：这是一个职场中常见的问题。我不知道你遇到这样的情况多久了，也不知道当你在职场中被忽视、打断、抢功时，他人有什么反应。但我想，你给我留言，可能是已经被这种情况影响得无法自我平衡了。

下面针对你的问题，我给出以下建议：

（1）先平衡自己的"小宇宙"。已经发生的事无力改变，只能改变自己对这件事的看法。或许，这件事就是成长和突破的契机。

（2）客观分析事件，可参考以下清单。

被忽视事件客观分析清单

日期：_____　　事件描述：_____

1.事件的具体情况：被忽视的场景和具体情况是什么（描述事件的参与者、过程、时间、地点等相关信息）？

2.事件的影响：这次被忽视的事件对你的情绪、自尊、工作表现等方面有何影响？是否对你的生活和工作造成了困扰？

3.自我反思与认知：为什么会发生这种被忽视的情况？是否存在你自己的原因？

4.他人因素：除了你自己，是否有其他因素导致了这次被忽视的事件？是否可能是他人的行为、态度、环境等方面的影响？

5.可能的解决方案：基于对事件的客观分析，你认为可以采取哪些措施来解决或减轻被忽视的问题？是否有改变自身行为或态度的空间？是否可以与他人进行沟通或协商？

6.行动计划：基于以上分析，列出你打算采取的具体行动步骤。包括何时、如何及与谁进行沟通或合作等方面的细节。

通过填写上面的清单，你可以客观地分析事件，并从中了解到被忽视的真正原因。这有助于放下心理保护机制，更有效地解决问题，并提高自我认知和应对能力。

如果是自身的问题，那可以试着提升自己的能力。一是接纳自己并相信自己；二是加强自身知识的积累，提高沟通的技巧；三是主动出击。但若是他人的问题，比如若是因为他人无礼，那我们要果断地说"不"。对于他人的不尊重，要表明底线与感受。若情况没有好转，那说明大家三观不合，就不必强求他人的关注了。

问题2：如何应对"越努力越失望"的情况？

答：首先，我要说你所描述的感受是很正常的，而且也是很值得关注的。面对这种情况，先要明确的是，努力不一定会直接促进快乐和幸福感的增加，因为快乐和幸福感往往是由内心的满足和平衡决定的，而不仅是外部努力所带来的结果。

在你的具体信息中（学员案例），你提到自己每天都在读书，用心陪伴孩子，体贴老公，与同事搞好关系，这些都是很值得肯定的行为。但是，需要明确的是，这些行为是否真正能够满足你内心的需求和愿望，是否真正能够给你带来快乐和满足感。

其次，你感受到快乐和幸福感的减少可能是因为你过度关注外部的努力和行为，而忽略了内心的需求。或许在过于追求外在的成就和表现的同时，你忽略了自己内在的情感和心灵的需求。

对于你所面临的问题，我建议你可以尝试以下几个方法：

（1）深入探索内心：花一些时间反思自己的内心

需求和愿望，思考你真正想要的是什么，以及什么才能给你带来真正的快乐和满足感。你可能需要更多的时间来照顾自己的情感需求，而不仅是满足外部的期望和要求。

（2）寻找平衡：努力和获得成就是重要的，但也要学会平衡工作、家庭和个人生活之间的关系。给自己一些放松和休息的时间，让自己有机会去享受生活中的美好和乐趣，而不是过度追求外部的成功。

（3）培养内心的满足感：试着学会珍惜当下的每一个美好时刻，培养内心的感恩和满足感，让自己能够感受到生活的幸福和美好。

最后，还需要思考一下，是不是自己努力得还不够。比如，每天只看一页小说，与每天看一本书的三分之一，或是每天读一本对自己有用的工具书是有本质区别的。努力是否能促进质的变化，也是需要考量的。

总体而言，要想获得真正的快乐和幸福感，不仅需要外部的努力，更需要内心的平衡和满足。希望你能够通过深入的内心探索和调整，找到属于自己的幸福之道。

问题 3：面对自卑心理，我该如何成长？

答：我完全能理解你的感受，这是一种糟糕的无力感。你已经很厉害了，为你的诚实和勇气点赞。你选择面对自己的自卑情绪并愿意寻求帮助，这需要很大的勇气。

每个人都有自己的价值和优点，即使你觉得自己一般，也并不意味着你就没有值得被认可和珍视的地方。面对你的问题，我有两个小方法。

方法一：先准备两张空白的 A4 大小的纸，然后找一个安静的地方，拿上你喜欢的笔，在这张空白纸上写下 5 件过去你曾受到肯定与鼓励的事，即你成长中的高光时刻。可以是被表扬、被肯定、被支持的事情，总之写下让你身心有力量的事件。如果你在写这些事时出现了消极的想法，请你把消极的想法写在另一张空白纸上。当写完 5 件事后，每天针对一件事，尽量详细地回忆当时的事件细节，继续把积极的想法写在一张空白纸上，消极的想法写在另一张空白纸上。每次写完，你都要把写着负面内容的纸揉成团，丢到垃圾桶里。这个练习可以每天做，它可以帮助你慢慢找到自己优秀的品质与自信。

方法二：每天练习做一件"不擅长"的事。比如，你一直用右手拿筷子吃饭，那可以每天练习 5 分钟用左手拿筷子吃饭。以此类推，从右手刷牙到左手刷牙，右手写字到左手写字。这个练习可以帮助你提高控制感。

问题 4：如何正确又全面地认识自己？

答：这是一个很大的问题，回答起来很有挑战。虽然这个问题很泛，但我还是想尝试以我的角度解答。

当你想认识自己时，可以从他人评价与自我评价中获得原始信息。比如，早上出门时，你在小区内见到一只流浪猫被绳子缠住，你过去帮助了它。这被别人看到了，对方夸奖你是一个非常有爱心的人。当时你感到很开心，于是你认为自己是一个很有爱心的人。如果此时，来了一个与你有些过节的邻居，给了你一个蔑视的眼神，还说了一句"假惺惺，扮好人"，那么你会感到很不舒服，并且很生气，于是你对自己说："我才不是假惺惺，扮好人呢，我明明是真的有爱心。"此时，你会认为自己真的是好人。

人们会一边轻易地为自己的失败开脱，一边欣然地接受赞誉。在很多情况下，人们认为自己比别人好，这种自我美化的感觉使多数人陶醉于自己优秀的一面，而只是偶尔瞥见自己阴暗的一面。

简而言之，这是人在加工和自我有关的信息时出现的一种潜在的偏见。意思是，将成功归因于自己，但如果失败了，就把错误推给外在的环境或是他人。

当事件发生时，人们常常夸大对自己有利的信息，而忽视对自己不利的信息，从而保护自我。这种自利性的看法会影响人客观地认识自己，因此在自我了解的过程中，这些是需要特别留意的。

问题 5：如何接纳自己的不完美（一个学员的脚因受伤而少了一个脚趾）？

答：这个问题让我想起了管理学中的"木桶效应"。这个概念类比于一个木桶，木桶的容量取决于最短的那块木板，而不是其他更长的部分。

当谈到接纳自己的不完美时，木桶效应提供了一个重要的视角。你的短板就是你脚受伤的事件，相比原来的你，这确实是一个短板，是你不自信的根源。但对于无法改变的事，只能选择接纳并且与短板和谐相处，只有这样才能拥有内心的平和。

首先，要认识到每个人都有自己的优点和缺点，没有人是完美无缺的。接受自己意味着接受自己的一切。先接受这个无法改变的事实，然后再找对策。

比如可以穿"四季鞋"，还可以选一些能掩饰的鞋。让自己在还没有完全接纳自己的时候，把问题"隔离"。

其次，把重点放在自己的其他优点上，让这个外伤成为你不断提升内在实力的动力。转消极为积极，让自己更加乐观。

最后，练习"自我同情"，即当大脑中对此有消极念头时，在大脑中对刚刚那个有消极念头的自己做自我同情与安慰。

比如：

消极的声音说：你现在就是一个残疾人，会被人笑话的。

自我同情说：没关系，只是脚趾而已，又看不出来。就算有人知道，也不会嘲笑你的，他们会像我一样心疼你。

万事万物，皆有阴阳。美与丑、完美与缺陷皆是孪生的。花开之所以美，是因为花终会谢。愿你早日寻找到内心的平衡。

后记

人生之旅没有离开，只有重新出发

　　或许对于每一位作者来说，写到书的结尾处都意犹未尽，或是五味杂陈。写作之初，有太多的话想说，与其说是写书，不如说是有太多的话想对所有的女性说。

　　我的母亲是 20 世纪 50 年代的中国传统女性。年轻的时候，她所做的一切都想被父亲看见；当"升级"为奶奶后，她所做的一切又想让儿子看见。"人言可畏"或许是每一位女性身上或明或暗的枷锁。关于女性主义的书不少，而关于女性心理健康的书更不在少数。而我想做的，是用简单的方法，抛砖引玉地为一些女性搭起通向自己独立人格的一座心灵之桥。当然，我的能力有限，但我将一直努力成长，希望能有更多的能量为女性朋友做力所能及的、有意义的事。

　　我为本书创作的音频与音乐也不一定能为每一位读者带来疗愈，或许在不同阶段的你，听到后感受会有所不同。希望这些音频与音乐能让你觉得你不孤单，能感受到我就在你身边。

有人问我写的这本书与同类书之间到底有什么区别。我说我这本不是教女性朋友成为完美的自己，而是成为真实的自己。不是让读者努力抓住更多，而是让大家降低一些不必要的欲望，为生活、为人生、为梦想做减法。因为加法不足让人产生深刻的思考，而减法却可以。

还有很多的方法未一一列出，一是考虑到读者的个体差异，二是考虑到实践条件的可行便利性。希望未来，在下一本书中，能换另一个角度，为女性朋友分享些进阶的方法。

生活很长，人生不长，重要的东西其实没有几件。希望大家能找到真正的自己，珍惜当下，一起做个有意义的平凡英雄。

女性心理健康类的书很多，未来也将更多，我不知道在有生之年，能出版几本个人认可的"好书"。但路漫漫其修远，我将继续努力，很高兴能以这种方式，遇见你。那么现在，我邀请你与我一起，一起成为自己的英雄，从此不再惧怕生命与生活给你带来的任何难题。见招拆招，谁怕谁呢！

小说与故事都有结局，但生活没有。无论过去是好的还是坏的，它都一直在继续。然而，人生之旅从来没有所谓的离开，只有重新出发，只要你愿意，就可以从此刻开始，遇见不一样的自己。

愿你，从此安好！

张亚芬

2024.9.14